祁东

传统饮食文化

周新潮 ◎ 著

湖南大学出版社
·长沙·

图书在版编目（CIP）数据

祁东传统饮食文化/周新潮著. —长沙：湖南大学出版社，2024.4
ISBN 978-7-5667-3437-2

Ⅰ.①祁… Ⅱ.①周… Ⅲ.①饮食—文化—祁东县
Ⅳ.①TS971.202.644

中国国家版本馆 CIP 数据核字（2024）第 039971 号

祁东传统饮食文化
QIDONG CHUANTONG YINSHI WENHUA

著　　者：周新潮
责任编辑：吴海燕
印　　装：长沙新湘诚印刷有限公司
开　　本：787 mm×1092 mm　1/16　　印　　张：14.25　　字　　数：306 千字
版　　次：2024 年 4 月第 1 版　　　　印　　次：2024 年 4 月第 1 次印刷
书　　号：ISBN 978-7-5667-3437-2
定　　价：68.00 元

出 版 人：李文邦
出版发行：湖南大学出版社
社　　址：湖南·长沙·岳麓山　　　　邮　　编：410082
电　　话：0731-88822559（营销部），88649149（编辑室），88821006（出版部）
传　　真：0731-88822264（总编室）
网　　址：http://press.hnu.edu.cn
电子邮箱：934868581@qq.com

弘揚傳統飲食文化

促進湘菜產業繁榮

陳叔紅

"民以食为天",这是执政者对粮食的认识,故千方百计地提高生产力,以从自然界获取生活资料,满足人民生存、繁衍的需要。

"人以食为天",这是普通百姓对粮食的认识,故竭尽全力从自然界中攫取食物,从他人手中掠夺食物,以满足自己和家族生存、繁衍的需要。从自然界中攫取,故有利用自然、改造自然的举措;从他人手中掠取,故有争夺、战争等行为。

人们的行为目的之一是得到更多的食物、更好的居住环境、更美的穿戴服饰,也就是世人所说的吃好、住好、穿好。

然而什么是"好",如何做到"好"?各民族有各民族的判断标准,有各民族的实现手段,由此产生不同的文化。有关食物的叫"饮食文化",有关居住的叫"住宅文化",有关穿戴的叫"服饰文化"。民族的不同,生活经历的不同,习惯的不同,从而导致其"文化"的不同。

就"饮食"而言,各民族所处环境的不同,会产生不同的"饮食文化"。纵使是同一民族,由于各支派的居住环境不一样,在大同的情况下,也会有小异。从而使同一民族的饮食文化因地域的不同而产生差异,形成特色。

大致说来,"饮食文化"有如下内容。

(1)技术文化。技术文化包括获取食材、制作食材的技术。获取食材的技术因地域的不同有不同的形式。山区的用狩猎的方式,湖海地区的用捕鱼的方式,平原地区的用农耕的方式,方式的不同,导致工具的不同,工具的不同导致技术的不同。工具会因需要而变化,工具的变化导致技术的进步。至于制作技术,是在饮食方式从茹毛饮血变为制作熟食过程中产生的，茹毛饮血不需要技术，制作熟食则需要技术，首先是烤，将获得的食材放在火上烤熟，以供食用，这是最原始、最简单的制作熟食方式，然后是煮、蒸等，而炒、煎、熬、炮（bāo）则是饮食文化发展到一定程度的产物。

（2）审美文化。马克思说："人也按照美的规律来建造。"饮食活动需要眼、手、舌、鼻等器官的参与才能完成。手的作用是将食物从器皿中取来放入口中，中国的上古时期直接用手指抓取（现代的非洲、中东、印度尼西亚及印度次大陆等地区仍然如此。用手指，还是用勺匙，抑或用筷子，只是习惯和文化的差别，并无高低贵贱之分），后来用筷子。之所以用筷子，缘于古人的羹里面有菜，羹比较烫，是比较稠的汤，汤不宜用手指抓取，只能用勺，而勺不好舀取羹中的菜叶，故发展出筷子。最早的筷子叫作梜，用来夹取菜叶，由于是木做的，所以写作木字旁的"梜"。汉代叫作箸，可以理解为"助"（"箸"的异体字作"筯"），帮助人取食。明代才叫筷子。筷子的较早形式是两根小木棍，后来用象牙、铜、银、竹等制作，形状也发生变化，变成上方下圆，方象征地，圆象征天，天地皆在一筷子中，既有审美意义，也有哲学意义。

舌的参与，起辨味的作用。鼻的参与，起辨气的作用。眼的参与，起辨形的作用。所以一道好的菜，要色、香、味、形俱佳。除口腹的满足外，还要有眼、鼻的愉悦。这就是审美文化。

（3）礼仪文化。古人祭祀时站位有一定的规则，谁为主位，谁为次位，皆有讲究。这个规则和讲究就是礼。仪，就是仪式，所有的礼都要有表达形式，这个形式就是仪。中国的集体会餐，如结婚、嫁女、做寿、"打三朝"，都要摆酒庆贺，这类酒席，皆为桌餐。而桌的摆放有严格的规则，如有首席、次席，尊者坐首席，次尊者坐次席。同一桌中，也分主次，尊者坐主位，次尊者坐次位。凡此等等，皆是礼。就吃食而言，有些食物的部件，只能尊者吃，如鸡胸肉、鸡肫、鱼头等，皆敬与尊者，其他人不得染指，否则失礼。至于饮酒，需先敬尊者、长者，而进食时不得呷嘴，不得剔牙，更不得越界夹菜，这些都是礼。饮食过程能体现礼，传播礼，培养有礼的人。

（4）养生文化。饮食的根本目的是养生，而如何养生，则有讲究，从而形成养生文化。就量而言，以七分饱为宜，不能暴饮暴食，否则伤身。就时间而言，早晨吃姜，可健脾胃；冬天吃萝卜，可下气，有止咳润肺之效。就人的体质而言，阳气不足、畏寒怕冷者，应吃温热性食物，如生姜、大蒜、辣椒等；阳气太足、火气太大者，应吃寒凉性食物，如茄子、丝瓜、黄瓜、苦瓜、芹菜等。就味而言，五味对应五脏，五味指酸、苦、甘（甜）、辛（辣）、咸，其对应的五脏是肝、心、脾、肺、肾，前人认为肝喜酸、心喜苦、脾喜甘、肺喜辛、肾喜咸，若某脏有不足，则可用对应的五味补之，从而收到养生之效。

祁东地处丘陵，有山有水，兼山水之胜。故其饮食文化，有山的厚重，又有水的灵动。但甚少有人研究掘发，有如俊男靓女处于高屋大宅而无人识，明珠蒙尘，实在可惜。

周公新潮，为人厚重，品格高尚，识见深远。与人交，则心相印。处上，则体恤下情，永远的老兄；处下，则洁身自守，可靠的同事。有才而不傲，无欲则难贪。清白为人，尽心做事，得上下左右之认同。既有古仁人之风，也具现代哲士之概。周公生于祁东，长于祁东，发蒙于祁东。乡梓之情，里邑之谊，系于心，萦于梦，须臾不能相离。有感于祁东饮食文化之特色而不为人知，故费力经年，著《祁东传统饮食文化》一书，其用心之良苦，用工之宏巨，皆见于书中。此书将祁东饮食的特点、制作方法、所内含的文化意义，用文图俱茂的形式表而出之，以广其传，以惠大众。天下吃货，如欲饱口腹，快朵颐，请读此书，若能按图按文制作，必能得难得之美味，得异乎寻常的享受。读者君子，不妨一试。

是为序。

蒋冀骋

2023 年 5 月 5 日于湖南师范大学无知斋

祁东县位于湖南省南部，与祁阳、冷水滩、邵阳、邵东、衡阳、衡南、东安和常宁等八县市区相邻。县域面积 1872 平方公里，全县现有人口 105.8 万。

祁东县历史悠久。据《祁东县志》记载，春秋属楚南地，西汉时属泉陵侯国，三国初属蜀，刘备死后归吴。东吴元兴元年（264 年）至天纪四年（280 年）间，从泉陵县析出永昌、祁阳二县，永昌县治在今祁东砖塘，祁阳县治在今祁东金兰桥。隋文帝开皇九年（589 年），改泉陵为零陵县，将永昌、祁阳并入零陵县。唐太宗贞观四年（630 年），复置祁阳县，原永昌县地域归并祁阳，经宋、元、明、清至民国时期不变，中华人民共和国成立之初保留祁阳县。1952 年 4 月 25 日，祁东从祁阳县析出，因所管地域在祁阳的东面，故名祁东，属零陵地区。1954 年 7 月，祁东属衡阳地区，1983 年 6 月，衡阳撤地设市，属衡阳市。

祁东文化底蕴深厚。石亭子小米山出土的青铜器距今 2500 余年，砖塘的汉墓群和出土的汉砖等物，具有珍贵的历史研究价值。金兰桥周围的几处古墓群规模较大，出土了汉砖、汉陶、铜器、铜币等古文物。历史名人孟浩然、柳宗元、张九龄、李顾、文天祥、柏泗等在祁东留下众多碑刻和名句。祁东是祁剧的发源地之一，迄今有 400 多年历史，湖南的衡阳、郴州、永州、邵阳，广西的全州、桂林都有祁剧，祁剧是遍布较广的地方剧种。祁东的木偶戏、花鼓灯（花鼓戏）、祁东渔鼓、祁东小调起于宋、明时期，盛于清、民国时期。2008 年，祁东获"中国曲艺之乡"称号。祁东方言属湘语系娄邵片方言，与零陵、东安话相近，与祁阳话相同。历史上，祁东人为了避灾避战而迁徙，远走广东的连州、韶关，广西的全州、桂林，贵州和云南等地。最大的一次迁徙是 1960 年，2 万青年响应国家号召，奔赴云南西双版纳和思茅地区，后来投亲靠友又去了不少。改革开放以来，去经商落户的更多，如今的西双版纳到处都能听到祁东话。祁东人到哪里，祁剧在哪里，祁东的方言文化、风土人情、饮食文化就会影响到哪里。

祁东物产丰富，一方水土养育一方人。水稻是当地主要粮食品种，20 世纪 70 年代为全省高产区。杂粮品种丰富，红薯、苞谷、高粱、粟米、荞麦都有种植。尤其红薯种植更广泛，手工红薯粉丝质量上乘。生姜、槟榔芋、萝卜、白菜、大头菜、苦百合产量较高。祁东还是黄花菜的起源之地，有 400 多年种植历史，2016 年获"中国（祁东）黄花菜之乡"称号。山塘养鱼闻名全国，全县 8 万多口山塘，养殖草、青、鳙、鲢四大家鱼，选子鱼①是杂鱼中的特色品种。山塘水是天河水，塘水浅，山塘鱼喂草料、品质好，计划经济时期，祁东山塘鱼曾被直接运往北京。家畜家禽的主要品种有猪、羊、牛，鸡、鸭、鹅等。其中猪是养殖大头品种，家家户户都养，规模达到一人一头，一亩（田）一头。虽然养猪不赚钱，但是养猪是储钱筒。祁东处于祁邵干旱走廊，少平原多山岗丘陵，田少人多，祖辈们坚守种田种地为大本的理念，坚持"杂粮上山、石头缝里种黄花菜"的精神，日出而作，躬身耕耘，一代代繁衍生息。

祁东人杰地灵，饮食文化培养出大批有用之才。祁东饮食文化有重孝道、好客、和谐、节俭、慈善、崇礼等六大特点，受饮食文化的熏陶，从古至今名人辈出。明代正统十年（1445 年），祁东金兰桥人宁良，考取进士，提为行人官，继而升迁为刑曹。宁良晚年任广东、浙江的按察使、布政使，公正廉明，振扬政纪，崇尚俭朴，力戒浮夸，人称好官。陈荐，祁东金桥人，清隆庆丁卯乡试中举，辛未登进士第，先后任陕西、四川、云南按察使、巡抚等职，为官洁己奉公，关心人民疾苦。肖远久，祁东黄土铺人，14 岁参军，1926 年加入中国共产党，1929 年参加邓小平领导的广西百色起义。他在红军五次反"围剿"和红军长征时期，屡立战功，在平型关战役中，他任第一一五师六八五团副团长，率部进攻日军，取得辉煌战果，后任中国人民抗日军事政治大学第十分校副校长，新中国成立后任中南军区铁

---

① 学名为"银鲴"，又称"刁子鱼"。

道兵副司令，1957年任广东省军区副司令员。自1977年全国恢复高考制度至1985年，祁东县共被录取大中专学生5562名，居衡阳地区各县之首。不管是求学还是当兵，祁东的青年学子离开祁东后，不会忘记自己是打赤脚走出来的，不会忘记自己是吃红薯渣子长大的，工作吃苦耐劳，任劳任怨。中国人民解放军空军试飞英雄邹延龄是祁东蒋家桥人，他的"立着是根柱，横着是根梁"的豪言壮语，体现了当代中国军人的英雄气概。2008年四川省汶川大地震，用自己的生命护学生周全的中学教师谭千秋，是祁东步云桥人，他的大爱精神感动全国人民。名人很多，英雄不少，他们都是祁东人民的骄傲。

祁东饮食文化是湖湘饮食文化的组成部分。祁东菜是湘菜的一个分支，是湘菜百花园里的一朵奇葩。祁东菜的原材料除少量海产品外，其余都是产自当地。食材新鲜，本味浓郁是祁东菜的特点。麸子菜、腊鱼、冻鱼、荷折皮煮鱼、鱼肠米麸、猪脚炖油豆腐、油焖烟笋等是祁东的经典菜肴，百吃不厌。鱼汤面（粉）、小肠面（粉）是祁东特色小吃，有着悠久历史。我于20世纪80年代初，负责过全省中一级厨师和特级厨师的考评工作，即将退休时，组织安排我出任省餐饮行业协会会长，历时8个年头。在这期间，没有帮助家乡，将祁东传统餐饮文化挖掘整理出来，推广出去，实为一大遗憾！拙笔撰写本书，算作一种弥补。

随着社会的进步、科技的发展，许多传统产业不断地被取代被颠覆，而餐饮业不仅能生存下来，还能发展下去。人总是要吃饭的，随着家务劳动社会化的发展趋势，到餐馆吃饭和请客吃饭会越来越多。因此，餐饮业一直是一个朝阳产业。餐饮业是种植养殖、加工储运、文化旅游、服务消费产业链中的一个重要环节，对稳增长促消费起拉动和推动的作用。2007年，湖南省人民政府将湘菜产业列为第七大支柱产业，出台了支持发展政策措施。十几年来，湘菜在全国各菜系中一直保持发展领先的势头，湘菜已火遍全国。衡东土菜、浏阳蒸菜、南岳素菜、湘阴湖鲜誉满三湘。这些县市通过餐饮品牌的打造，迅速走向全省和全国市场，人才（厨师）和食材供不应求。当然，湘菜在发展，别的菜系也在进步。福建省的沙县，仅有20多万人口，食材资源并不丰富，但"沙县小吃"已叫响全国，生意兴隆。祁东县有丰富的食材资源，祁东菜的口味并不差，可是祁东人愿意做别的生意，却不愿意投资餐饮；宁愿去打工，却不想当饭店老板。因此，通过本书，我希望家乡人民重新认识餐饮的地位、作用和发展前景，热爱餐饮这个既古老又时尚的行业，愿意走出祁东，做好做大祁东餐饮产业。

读书知礼仪，餐桌知人品。由于历史原因，关于传统礼仪文化、餐桌上的规矩较少有可读之书，一般靠父辈们的口口相传。20 世纪 50 年代出生的一代人，接受过口传饮食文化，往后慢慢失传。改革开放以后，曾经有人写过《乡党应酬》和《民间婚丧礼仪应用》，其中讲到礼仪，但主要是供礼生司仪、缮写的参考资料，涉及大众须知的礼仪和规矩不多。口传传统文化的老人不多了，健在的年事已高。因此，挖掘整理祁东传统饮食文化的责任，历史性地落在我们 20 世纪 50 年代出生的一代人身上。

饮食文化就是研究饭菜怎么做、怎么吃的文化。本书有四大章，涵盖食材加工、烹饪技艺、传统菜品和文化习俗。理论性的内容不多，实用性较强。撰写本书的初衷有四点：一是给食材加工储存提供参考；二是作为青年厨师的工具书；三是作为中小学生的课外阅读书，帮助他们增加一点社会基础知识；四是为大众普及一些传统饮食文化知识。若能如愿，万幸之至。

本书注重传统文化，比如旧时丧葬嫁娶礼仪非常繁复，耗钱费力，现在的做法简单多了。写传统文化不是要大家回到过去，只是希望大家对过去有所了解。书中很多的说法和做法，是祁东当地的一种民俗习惯，也是当地人们生活经验的总结，未经科学验证，仅供大家参考。囿于知识水平，对传统文化掌握得不深不透，难免出错，书中会有不少缺陷和遗漏之处，期望有高人指点、帮助补充和纠正。时代不同了，物质条件改善了，人们的生活习惯、饮食文化也发生了变化，而当代的书中很少涉及，更别提新食材、创新菜和融合菜了。但我相信未来一定会有一批批志士贤人，关心祁东饮食文化，参与研究和整理。但愿此书是抛砖引玉。

著 者

2023 年 2 月 23 日

目录

第二章 烹饪基础

第四章　传统主食及副食

第五章　文化习俗

第一章

加工存储

第一节　粮食加工

祁东的粮食作物品种多，主粮以水稻为主，杂粮以红薯为主。这里主要介绍 8 个品种的加工方法。

一、稻谷

稻谷有早稻、中稻和晚稻之分；有籼稻和糯稻之分，籼稻又分为粳稻和粘稻，糯稻又分为长粒糯和团粒糯。稻谷经加工去壳为大米，根据颜色分为白米、黑米和红米，根据糯性分为糯米和粘米，大米是传统主食。

稻谷加工就是稻谷去壳，也叫大米加工。有两种传统去壳方法：一是用推子推，推子有如石磨原理，推子比石磨大，用竹篾织成，上下齿是木齿，泥土填充夯实后固定木齿。稻谷经推子推过后，过风车去糠头（谷壳）为大米（糙米）。二是将稻谷放入石碓里舂，舂完后去掉糠头为大米，大米放碓里再舂，去米皮后为熟米。

新中国成立后，祁东逐步用碾米机代替推子和碓坑，省人力，碾出的米都是熟米，也叫机米。现在加工设备更加先进，从湿稻谷到烘干、去杂去壳、去碎米、包装等流水作业，一气呵成。

大米再加工为米食加工。一是加工成鲜米粉，有圆粉和扁粉；二是鲜米粉脱水为干米粉，便于储存和运输；三是磨成粉子备用，其中又有干磨和湿磨之分；四是用大米煮酒熬糖；五是做成各种烘焙食品。

▲ 稻谷

▲ 风车，用于净谷和净米

▲ 推子，用于去稻谷壳

▲ 吊筛、篮盘，用于筛米去谷

▲ 斗，谷和米的量器

▲ 石碓，用于舂米、舂红薯渣等

▲ 簸箕，用于簸糠净米

▲ 抟箱，用于去谷净米

▲ 米筛，用于去掉碎米和细砂

▲ 米桶

二、小麦

小麦加工就是人力用石磨将小麦磨成粉，有水力条件的地方用水作动力磨粉，也叫水碾。小麦经过反复研磨后，过箩筛，去除麦麸后叫面粉，也叫面灰。面粉可以做各种糕点和饼，最主要的是面条。面条的传统工艺是手工操作：面粉加适量冷水揉成面团，在案板上摊开，用擀面杖擀压成面皮，再用刀切成细长条，即为面条。面条挂在竹竿上晾干的叫挂面。和面时加入鸡蛋叫鸡蛋面，和面时加适量食用碱叫碱面。有人问：为什么小麦加工成细粉叫面粉，而不叫小麦粉，小麦粉加工成粉条不叫小麦粉条，而叫面条？因为手工工序，将小粉团擀成面皮，再切成条，面条因此而来，面粉也因此而来。

▲ 石磨

▲ 小麦粉

▲ 面条

三、大麦

大麦与小麦加工不同，大麦加工是去壳，小麦加工是去麦皮。大麦传统加工方法是放入石碓里舂，舂好后，盛入簸箕簸去壳皮，再用抟箱将未去皮的大麦抟拢到一起，取出放入石碓再舂，壳尽为止。大麦米可煮成饭食用，可作熬糖原料。

四、粟米

粟米又叫小米，是谷物中最小的颗粒品种。粟米主要是煮小米饭和小米稀饭，小米磨成粉可做粟米粑粑。

五、玉米

玉米又叫苞谷。新鲜的玉米棒子煮熟后可以当主食。晒干后的玉米棒子煮熟后啃不动，必须经过加工。一是脱粒，传统方法是手工脱粒；二是将脱粒后的玉米晒干，用石磨磨成粉，可掺入大米中煮成饭，可做玉米糊、酿酒。

六、高粱

高粱有糯高粱和粘高粱。高粱的粗加工是去壳，带壳高粱在碓里舂后，簸净壳。高粱是酿酒的好原料，也可煮成饭食用。将高粱用石磨磨成粉，过箩筛，细高粱粉掺点糯米粉可做成高粱粑粑。

▲ 粟米

▲ 玉米

▲ 高粱

七、荞麦

荞麦有苦荞和甜荞之分。荞麦籽呈黑色的三角棱形，晒干后只能用石磨磨成粉，

再用箩筛筛去壳，余下的就是荞麦粉。荞麦粉可做成荞麦粑粑和荞麦糊。

▲ 荞麦

▲ 荞麦粉

八、红薯

红薯是种植面积和产量最多的杂粮品种，红薯半年粮，有的水稻田少的地方，红薯还成了主粮。红薯的品种很多，根据淀粉含量的不同，采取不同的加工方法，加工成不同的食用品种。

▲ 红薯

▲ 红薯擦钵

（1）干红薯片。将红薯洗净，切成薄片，在竹搭子上摊开晒干，即成干红薯片，收藏待用。

（2）干红薯丝。将红薯洗净，用萝卜擦子擦成丝，摊开晒干后成干红薯丝，收藏待用。

（3）红薯干。将红薯洗净，小红薯整个，大红薯切开，入锅蒸熟，再切成片，在干净的搭子上摊开晒干，入坛封存，三个月后自然糖化，软甜有嚼劲。

（4）红薯粑粑（饼）。将红薯洗净去皮，入锅焖熟出锅后入大钵抻碎成泥，放点芝麻拌匀。用竹篾片做成直径约10厘米、厚度0.8厘米的圆箍，接口处用缝衣线扎紧。桌上或板上垫纱布，圆箍置纱布上，用菜刀挑一坨薯泥放箍内。用菜刀将其压实刮平，取走圆箍，双手托起纱布，将薯泥饼放在干净搭子上晒干，收藏备用。

▲ 红薯淀粉过滤桶

▲ 红薯淀粉

（5）红薯粉子。将新鲜的红薯洗净，手工将红薯在擦钵上擦成浆，在过滤桶上架包袱，红薯浆入包袱，摇动包袱用清水滤洗淀粉，待淀粉充分沉淀后，放出过滤桶中的水，铲出淀粉，用手揉碎在篮盘或竹垫子上晒干，收藏备用。20世纪60年代末，祁东县农机厂（原通用机械厂）发明并生产红薯（木薯）磨浆机，解决了手工擦红薯的辛劳问题，此机器迅速普及全国并出口国外。

（6）红薯渣子。红薯渣子是红薯提取淀粉的残留物。新鲜红薯渣堆放在山上大石头上，经自然发酵，红薯渣滑软后，手工将其拍打挤压成比拳头稍大的球，再放在石头上晒干，收藏备用。

▲ 红薯粉条

▲ 油炸红薯饼

（7）红薯粉条。红薯粉条就是红薯粉丝，高品质的红薯粉条对原料要求有三点：一是红薯要蒸得久，红薯粉条才有筋道；二是过滤两遍，淀粉彻底无渣；三是晒淀粉时不能进沙进杂质。加工红薯粉条一般是四人组合：一人布陀，一人掌瓢，一人洗粉，一人烧火，烧火工帮洗粉人抬杠。基本工序：淀粉入缸—做糊头（加适量明矾）—糊头入淀粉缸—揉粉成团—试瓢—开打—洗粉—开肩—晒干—扎把收藏。开工前准备：①锅、灶、柴、火；②过桶、粉缸、冷水；③竹杠、搭子、权桩；④原料，包括淀粉、明矾。手工红薯粉条的加工过程比较复杂，20世纪80年代，出现机压红薯粉条，一次投料，一次成型，有的还是设备烘干。机压粉条一出世就比手工粉条销得好，主要是人力成本降低。由于机压粉条对原料质量要求不高，少数不法商人为赚黑心钱，掺入低价的土豆粉或别的淀粉，有的还需要调色，不识货的消费者容易上当。

第二节　肉类产品加工

一、猪肉和猪副产品加工

1. 生猪屠宰

（1）杀猪要注意不能饱潲，早上杀猪，头晚不喂潲。

（2）杀猪不能破血仓，破血仓后就成肉出血——槽头血。

（3）猪倒地后在其左后脚的脚趾边上开口，用铁挺杖挺至猪耳根部，再往刀口处吹气，用木棒将气赶至猪的周身，使之鼓胀后扎紧猪脚挺口处。

（4）稻草铺地，将猪抬至稻草上趴下。

（5）用大壶装阴阳水先淋猪头，再淋尾巴和猪背，能扯脱毛后用刀刨毛，连毛根刨出，刨不出再淋水至刨净为止。刨干净猪背后使猪四脚朝天，先淋四只脚，再淋肚皮，都刨净后用清水冲洗、刨净。

（6）从屁股开孔，扯出肠头，用铁钩钩住盆骨，再将铁钩挂在楼梯上，猪头朝下近地不触地。

（7）开膛用大米筛接内脏，再转到案板上，切忌内脏落地。

（8）趁热翻大肠，一人将大肠尾撕开，一人将大肠提起，合力将肠内脏物抖干净。还有一人提温水壶，冲干净肠尾，卷起肠尾后，用温水形成压力，大肠一翻到底，再用清水清洗干净。

（9）将猪小肠上的鸡冠油削下，抖干净肠内残留物，切忌拉小肠，拉多了小肠会发苦。

（10）内脏处理后，进行开边，能将猪的脊柱骨分得均匀就是最好的技术。

2. 腊肉制品加工

（1）腊肉。加工腊肉以带皮五花肉为佳，将肉皮刮洗干净，沥干水，将肉切成约6厘米长、4厘米宽、1.5厘米厚的块，按1∶0.04的比例放盐腌制48小时，中间翻动一次。将铁搭子置于隔空的无烟炭火上，搭子上铺一层稻草秆，再将腌制好的肉块摊开在稻草秆上烘，盖上荷叶或抟箱。炭火太大的话，用灶灰掩小，并适时将肉翻边1次。鲜肉和腊肉比为1∶0.65。

（2）米麸腊肉。米麸腊肉与腊肉相比，除了增加米麸外，其他工艺完全相同。粘米经石磨磨成粉为米麸，粘米炒香后再磨，磨成粉后再炒至变色，叫黑米麸。腌制好的肉裹上米麸再烘，叫米麸腊肉，裹上黑米麸烘的腊肉叫黑米麸腊肉。鲜肉与米麸腊肉比为1∶0.75。

▲ 腊肉

▲ 米麸腊肉

（3）腊猪脸、腊耳朵、腊尾巴与腊肉的加工方法完全相同，可以同时在一个盆里腌制，一起烘烤。

▲ 腊猪脸

▲ 腊猪耳

▲ 腊猪嘴

（4）腊猪肝和腊猪心。一叶新鲜猪肝切成两块，煮至净血水捞出晾凉。猪心直切开，再直切 2~3 刀花刀，入锅煮熟净血水，捞出晾凉。晾凉的猪肝和猪心可同时烘烤，与腊肉烘烤方法相同。鲜与腊的比例均为 1∶0.3。

▲ 腊猪肝

▲ 腊猪心

（5）腊猪大肠。洗净的猪大肠翻转后内壁朝外，沥干水，铁锅烧红，将猪大肠入锅，快速翻动，烙掉肠液，取出后用清水洗、加盐抓洗，洗净后翻转，清洗有油的一面，洗净后再翻转，使肠内壁在外。按 1∶0.04 的比例放盐，按 1∶0.1 的比例放米酒，抓匀腌制 24 小时，沥干水后用烘腊肉的方法烘烤干。鲜腊猪大肠比为 1∶0.2。

▲ 腊猪大肠

▲ 腊猪舌

二、牛肉和牛副产品加工

1. 杀牛

祁东因草地少，历来只养耕牛，不养菜牛。耕牛有水牛和黄牛。农家视耕牛为宝贝，不会轻易杀掉，除非是老龄丧失耕作能力的耕牛，或是腿骨断裂无法治愈的耕牛。不得已将这种废牛杀掉，对牛也是一种解脱。即使是杀废牛，人们同样视其为残忍、痛苦的事，民间流传这样一个段子：

世上最苦是耕牛，

说来自然有缘由：

一岁小牛穿鼻栓，

两岁开始试犁耙；

三岁成年泥里滚，

晴天雨天耕不休；

步子不快条子抽，

禁吃庄稼戴笼头；

农忙季节五更起，

农闲时节转磨头；

病魔缠身无人知，

更苦还是那牛棚；

夏天蚊虫乱哄哄，

冬天寒风呼呼吼；

年老伤残不中用，

生命由此到尽头；

一锤倒地遭刀剐，

热血滚滚往外流；

剥取皮来蒙鼓打，

抽取筋来弹棉花。

　　牛有灵性，通人性，知道主人要杀它的时候，眼泪双流，有的牛还下跪。人心不忍，将麻布袋子往牛头上一罩，用斧头往牛太阳穴打，牛应声倒地，然后刀割喉管放血。血放尽后就地剥皮，皮剥完后开膛处理内脏。百叶肚储食，毛肚化食，蜂窝肚储水，百叶肚最黑，毛肚次之。将三种肚子分别摊开，撒上生石灰，抹均匀，一刻钟后用刀将黑色的表皮刮干净，冲洗后变得雪白。

2. 腊牛肉

腊牛肉的加工方法是将新鲜牛肉煮熟后再烘烤。将鲜牛肉（最好是腿肉）切成厚约3厘米、宽约6厘米、长约25厘米的长条形，入开水锅里煮熟，捞出浮沫，再捞出牛肉沥水晾干。同烘腊肉一样烘干。鲜腊牛肉比为1：0.35。

3. 腊牛舌

用开水烫牛舌，舌体表面出现白色物，刮净后清水冲洗，沥干水后，逢中直切，不切断，相当于花刀。放盐腌制，放少量酒抹匀，两天后像烘腊肉一样烘干。鲜腊牛舌比为1：0.6。

三、羊肉及羊副产品

羊肉和羊副产品均为鲜食，一般不加工成腊制品。原因是羊的膻味重，如果加工成腊制品，加工过程和食用前的泡发过程会散发膻味，跟别的菜一起蒸，会引起串味。因此很少有人做腊羊肉。

四、鸡肉及内脏加工

1. 杀鸡

杀鸡很注重细节，左手捏紧鸡脖子，在鸡脖子最窄处下刀，一刀切断食管和气管。事先准备接血用的碗，碗里放水放盐搅匀，鸡血放尽。将鸡放入盛有阴阳水的盆子里，水宽为佳。用火钳将鸡毛拨动，试扯翅膀粗毛，扯得掉说明已烫好，可将其捞出煺毛。煺尽毛后不要下水，点燃稻草燂烧鸡的细毛，燂尽毛后，用手抹去黄色的附着物，再清洗干净，鸡肉不会有毛腥味。开膛从鸡胸脯肉一边下刀，如果做腊鸡，则从鸡胸脯肉中间从上至下切开，上部去食袋、去食管和气管，掏出内脏，下部要剁除肛门。去鸡胆，万一胆被弄破，要迅速清洗，显黄色的部位要切掉，否则有苦味。剖开鸡胗，撕掉鸡内金。用剪刀剪开鸡肠，放盐抓洗，反复几次洗净。

2. 腊鸡

将剖开的鸡按1：0.04的比例放盐入缸腌制，注意将盐里外抹匀，两天后取出，用竹片从鸡缝中撑开，用绳子吊鸡脚沥干水，像烘腊肉一样烘干。鲜腊鸡肉比为1：0.5。

3. 腊鸡胗

将去除鸡内金的鸡胗洗净沥干水，按1：0.04的比例放盐，抓拌均匀。48小时后，像烘烤腊肉一样烘干。鲜腊鸡胗比为1：0.3。

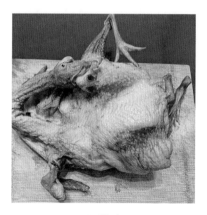

▲ 腊鸡

▲ 腊鸡胗

五、鸭的宰杀及加工

杀鸭比杀鸡难度大得多。有人杀鸭放血后，往地上一丢，鸭却爬起来就跑了，这说明没掌握要领。为防止因鸭换毛，毛拔不干净的状况，一般宰杀前都强制喂鸭白酒，使其毛孔张开。杀鸭的下刀处，是靠近脑袋下面的最宽部位，手要将最宽部位捏紧，刀要锋利，一刀将食管与气管一同切断，将血放在事先准备的有少量水和盐的大碗里。血放尽后开始煺毛，鸭毛防水，需将鸭放进冷水里，拨动鸭毛让其浸水透湿，然后拎起放进阴阳水里，当鸭毛能扯掉时，拎出来拔毛，鸭的隐毛需用镊子扯。扯完鸭毛洗净后开膛，开膛从胸脯中间下刀。大部分工序与鸡及其内脏处理相同，不同的有两点：一是鸭尾巴翘翘要切掉丢弃，尤其是翘的两边各有一颗如淋巴结一样的东西要割干净，这种东西膻味重；二是鸭的肺要从鸭肋骨中清除干净。鸭肉基本为鲜食，但鸭胗可加工为腊鸭胗，与腊鸡胗加工方法相同。

六、鹅的加工

与鸭的加工方法相同，鹅胗同样可以加工为腊鹅胗。

七、水产品加工

据统计，祁东县有山塘8万多口，祁东人历来有山塘养鱼的习惯和经验。山塘养鱼的水是天然水，塘水浅有利于鱼接受光照，加上鱼吃的是草，山塘鱼的品质很好。山塘鱼加工很精致，腊鱼制品更是祁东的传统名菜。

1. 腊草鱼

草鱼去鳞，用菜刀背逆鳞铲；去鳃，手扯或刀剜；去鳍，用刀斩掉尾鳍、背鳍、划水鳍；开膛，从鱼背开膛，鱼头朝左，右手持刀在其尾根部处切入至主骨，刀沿主

骨平切至头部，左手将鱼平放，右手持刀切断鱼头；抠出内脏，去胆，切忌胆破。鱼肠用筷子翻转洗净，用刀将鱼腔内的黑色层刮净，然后改刀，一条重3~4斤的鱼，切成10厘米左右1片，鱼头2开，尾部1片，中间段各切3片，大鱼可以增加片数，尾部和大边鱼因肉厚，需打花刀。花刀的作用一是进盐，二是使其更容易烘干。鱼切成片后用盐拌匀(每斤约10克)，放少许白酒腌制一天半或两个对时，取出后洗净血水，沥干。锅洗净烧热，按每斤鱼20克的比例放入生茶油，待茶油泡子(水分)消失后，将沥干的鱼放入锅内，迅速翻炒至油均匀，立马放水煮。切不可久翻炒，翻炒久了鱼肉表面就会碎。煮鱼的水量一般是水平鱼，有欠平和盖鱼的。欠平就是煮的时间短，鱼肉和骨头比较硬，盖鱼是水盖过鱼，就是煮的时间久，久煮的腊鱼骨头会酥脆。煮干水后的鱼，立即用锅铲和筷子同时将一片片的鱼转至烘烤的搭子上，待冷却后慢火烘烤，适时翻边，火为明火，不能有烟。待水分七成干时离火，然后自然冷却，再置火上烘烤，可撒点米、面条或橘子皮于火中，使鱼肉上色为焦黄色。鲜腊草鱼比为1：0.3。

2. 腊鲢鱼

鲢鱼的宰杀加工过程与草鱼无异，去鳞、去鳍、去鳃、去内脏，但1斤以下的鱼剖腹不剖背。鲢鱼加工成腊鱼的方法与草鱼相同，不同的是大鱼砍成片，1斤左右的鲢鱼整条烘烤。

3. 腊选子鱼

选子鱼是祁东、祁阳两县特有的鱼品种。长条形，细鳞，呈麻色。成年鱼长为20厘米左右，重1.5~2两，肉多，脊背两边各有一条里脊肉，刺小。当地习惯是不鲜食，用来做腊鱼。加工方法是剖腹，去内脏，洗净后腌制一天，锅内放茶油烧热，下鱼翻炒，待油均匀，迅速放水煮，水干后将鱼一条条取出冷却，再进行烘烤，与草鱼烘烤方法相同。鲜腊选子鱼比1：0.3。

▲ 腊草鱼

▲ 腊选子鱼

4. 油焖小杂鱼

小杂鱼主要是麻里婆、步沙公、苦边老、和哈鱼①、小鲫鱼、老母虾等。加工方法是除去杂质，鱼再小也要挤去内脏和苦胆，洗净沥干水，腌制 2 小时以上。锅内放油烧热，将杂鱼下锅，迅速翻炒，煎熟后慢火焖干，也叫焙干。技术要求是保证小鱼条条完整不碎。为什么不烘烤？一是鱼小容易烤焦，二是鱼小放搭子上会漏。

5. 油焖小米虾

小米虾洗净，去杂质，沥干水。锅内放油烧热，将小米虾入锅翻炒，按每斤 2 克的比例放盐，继续翻炒，小米虾满堂红半干水分时，停火自然冷却。自然冷却后重新生火，慢慢焖干。生熟比为 1∶0.3。

▲ 油焖小杂鱼

▲ 油焖小米虾

6. 油焖螺蛳（蚌）肉

生螺蛳（蚌）倒进锅里，放水齐平，烧开后一刻钟停火。螺蛳掩板冲出，蚌壳张开后，分别用针挑出螺蛳肉，用手取出蚌肉。洗净后焯水，捞出沥干。茶油入锅烧热，放入螺蛳（蚌）肉，放盐翻炒，慢火焖干。

7. 腊泥鳅

在活泥鳅桶里倒入少量白酒，或加入少量食盐，用盖子盖上，5 分钟以后鳅鱼翻白，取出用刀剖肚，用刀剜出内脏。将剖好的泥鳅洗净，沥干水，茶油入锅烧热，泥鳅入锅放盐翻炒，慢火焖干，再将焖干的泥鳅分摊在竹搭子或铁搭子上，置炭火上微火烘干。

8. 腊黄鳝

黄鳝与泥鳅的加工方法相同，所不同的是，剖黄鳝时去头去尾。

9. 腊鲶鱼

野生鲶鱼，鲜吃口感滑腻，做腊鱼是种好材料。加工方法：剖肚去内脏洗净沥干，

① 麻里婆、步沙公、苦边老、和哈鱼都为祁东俚语。

放盐腌制 2 小时，放茶油入锅烧热。鲶鱼下锅翻炒，待鱼均匀沾油，放水煮熟，汤汁干时整条鱼取出；置放烘烤搭子上冷却，生炭火慢慢烘干。

▲ 腊泥鳅

▲ 油焖螺蛳肉

第三节　蔬菜加工

蔬菜的品种较多，而且很有季节性，要确保常年食用的话，必须进行加工。过去在无现代保鲜设备的条件下，主要是对蔬菜进行脱水或腌制保鲜。

一、阴干法

1. 干红椒

将立秋后的红辣椒，或摆放在不晒太阳、避雨的通风处的竹搭子上，或用线穿起来挂在避雨的墙上，自然风干。

2. 蒜子、藠子、葱子

均是一把把挂在阴凉处风干。蒜子在太阳光下暴晒就会干瘪。

二、晒干法

1. 干芋头荷

红芽芋、槟榔芋荷子去叶洗净、去皮去筋，切寸段，放竹搭子上晒干。

2. 干萝卜丝

鲜萝卜洗净，或切或用擦子擦成丝，放竹搭子上晒干。

3. 干苋菜

鲜苋菜清洗干净，放竹搭子上晒。半干时，收拢，在干净的石头上用力揉搓至汁出（揉搓作用是去植物碱），再摊开晒干。

4. 干萝卜叶子

与干苋菜加工方式相同。

5. 干冬瓜（或叫冬瓜干）

鲜冬瓜去蒂去皮去瓤，切成寸宽的圈穿在竹棍上晒干即可。

三、蒸笼杀青法

有些蔬菜不杀青难以晒干，或者说不杀青不能获得理想的加工效果。

1. 干白辣椒

青辣椒洗净，上蒸笼或焯水杀青，摊放在竹搭子上晒干，杀青后的青辣椒一晒就变白。

2. 干茄子（或叫茄子干）

新鲜茄子洗净去蒂，一个茄子直切为 4 份，放搭子上晒半干，收回上蒸笼，作用是杀青和去植物碱，再摊放于竹搭子上晒干。

3. 干豆角

嫩豆角去蒂洗净，摊放于竹搭子或蓑衣上晒，半干时收拢，上蒸笼杀青去碱，再摊晒干。

四、烘烤脱水法

雨季少日晒，食材含水率高，容易变质，则采取烘烤脱水法。

1. 黄花菜

鲜黄花菜一般是中午采摘，摘后 2 小时内上蒸笼蒸熟杀青，蒸熟后自然冷却，次日早上摊晒，如遇雨天，必须生炭火烘烤脱水，否则黄花菜化水腐烂。烘烤的黄花菜鲜干比 1：0.09 左右，而且颜色黑，但味道和营养价值不变。

▲ 黄花架子——避雨晾晒

▲ 黄花菜晒干法

▲ 黄花菜烘烤脱水

▲ 干黄花菜

2. 竹笋

春季楠竹长笋，又叫大笋。一般加工成干笋或烟笋。先挖土坑，将笋子一层层垒好，每一层撒上一定的生石灰。码堆后用稻草盖好，5天左右揭开，取出已杀青的笋子，去壳去老蔸，剖开成条状，放太阳下晒。春季雨水多，未晒干的笋子只能微火烤干，或将笋子挂在灶屋梁上，慢慢熏干为烟笋，烟笋不生虫、易保管。

3. 干笋粑

小笋剥壳，焯熟或蒸熟，剁成泥，五花肉剁成泥。茶油入锅烧至泡子净，放笋泥和肉泥，放盐和红辣椒粉，慢火翻炒，待看不见水汽。铲出待稍冷，将笋泥捏成饼，晾至冷却，放竹搭子上排开，置微火烤干，其间要适时翻边。

4. 百合

鲜百合剥成瓣，洗净，装入筛子，再将筛子置于水开的大锅中，待水再次全开，端出筛子，将焯水的百合倒入篮盘里，摊开晾晒。若遇雨天，则将百合转入烘筛，微

▲ 烟笋干

▲ 干百合

火烘干，其间需翻动多次。

五、腌制保鲜法

腌制：就是将干净的蔬菜原材料，放入陶制坛子，加盐、加酒或加茶油，盖上坛盖，用水封闭，让其自然发酵。盐的多少决定腌制菜是咸还是酸。温度超过 30℃，菜会变酸变质；温度低于 25℃，发酵时间会比较长。

▲ 腌上菜的坛子

1. 腌辣椒

立秋后的青辣椒或红辣椒，洗净、晾干、去蒂，用刀或树刺将辣椒划破，放入干净的陶制坛（有老坛盐水更好），均匀撒盐，一般为 10 斤辣椒 0.3 斤盐，再盖上盖子。坛沿用水封闭，也有用植物油封坛的。50 天左右可腌制成熟。

2. 腌豆角

鲜豆角去蒂、去花、去虫口，洗净，放蓑衣上晒，一般大太阳晒一天，完全晒蔫晒软，将其扎成一把把，或将豆角捏为寸段，入坛，均匀撒盐，盖上盖子，坛沿用水封闭。45 天左右可腌制成熟。

▲ 腌辣椒

▲ 腌豆角

3. 腌刀豆

新鲜刀豆，洗净晾干，去筋，老的刀豆撕作两边，去籽去内皮筋。横切成片，有的横切不断，呈梳子状，放竹搭子或簸箕上晒到六成干。入干净坛，均匀撒盐，盖上盖子，坛沿用水封闭。50 天左右可腌制成熟。

4. 腌藠头

藠头去蒂去茎叶去老皮，洗净，晾干，入坛。均匀撒盐，盖上盖子，坛沿用水封闭。50 天左右可腌制成熟。

5. 什锦坛子菜

什锦坛子菜俗称外婆菜。生姜去皮洗净晾干后，切成姜丝，放盐抓匀。从坛里取出已腌制好的红辣椒、刀豆、寸段豆角、藠头，各品种同等分量，其中红辣椒、藠头均切成丝，将各品种汇入大盘中拌匀，入坛封好。15 天后即可开坛食用。

6. 腌大头菜

大头菜又叫凤尾菜。鲜大头菜洗净去根，大头直切成片，连头连叶挂晒，待叶七成干时收起，放在干净案板或石板上，反复按揉叶和大头，按揉出汁，再用温热水漂洗，拧干水再晾干。晾干后，放盐揉均匀，盐量为每10 斤菜3 两盐。将大头菜扎成把，入坛后封好坛，两个月左右开坛即可。

▲ 什锦坛子菜

▲ 腌大头菜

7. 腌黄泥萝卜

鲜萝卜去叶去根，洗净，直切成薄的片，再切成条，呈耙子状，挂树枝上或拉直的绳子上，晾晒至八成干，收集后放在石板上揉搓（有的放黄泥，用脚踩，故称黄泥萝卜）。待全部的萝卜条揉出汁后，用温水漂洗干净，然后放入干净簸箕晾干，按每10 斤萝卜3 两盐的比例放盐拌均匀，入坛封坛，20 天左右即可去生味，再取出放剁辣椒拌匀即可食用。

▲ 晒黄泥萝卜

8. 浸萝卜

新鲜萝卜去蒂去根，洗净晾干水分，大萝卜切为两半，小萝卜整只，放入装有老坛酸水的坛子里，盖好封坛，一个月左右可开坛。

9. 剁辣椒

立秋后的红辣椒，洗净晾干。砧板放抟箱或簸箕里，将辣椒排放整齐，先切后剁。为提高效率，可两手各拿一刀，左右开弓地剁，辣椒粒为绿豆或米粒大小即可，按每10斤4两盐的比例拌匀，入坛封坛，环境温度不超过30℃为宜，60天左右开坛。

10. 泥巴豆豉

黄豆去杂质去霉粒，冷水浸泡2小时，捞出沥水，下锅后冷水盖面，先大火后小火煮熟，以水干而不糊、烂而不成泥为佳。晾干水分，温度降至30℃，用稻草在谷箩里筑窝，在窝里摊铺干荷叶，将熟黄豆放入，盖上干荷叶。5天左右，黄豆表面生滑成丝，已经发酵成功。将发酵黄豆放碓坑舂成泥，按20:1的比例放盐舂均匀。入干净坛，注入一斤米酒后，盖好封坛，60天开坛。注意事项：黄豆泥入坛会二次发酵，不能装满，须留30%的空间；煮泥巴豆豉的时间为重阳节前后几天，气温合适。

11. 祁东豆豉

将可开坛的剁辣椒和可开坛的泥巴豆豉，按2:1的比例混合到一起，再入坛，按30:1的比例放米酒入坛。辣椒会第二次发酵，泥巴豆豉会第三次发酵，坛内空间留20%，盖好封闭50天左右可开坛。祁东豆豉工艺独特，风味独特，是重要调味品。祁东人讲没有豆豉就没有菜。

▲ 泥巴豆豉

▲ 祁东豆豉

12. 霉豆腐

将已发酵长白毛的霉豆腐胚子放进坛子，一层层码好，一层层放盐（按10:0.6的比例）。霉豆腐胚子入坛后会第二次发酵，入坛时应留30%的空间，装坛后按15:1的

比例放米酒。90 天左右开坛。鸭蛋青色为霉豆腐的本色。注意霉豆腐胚子发酵后，白色霉丝为一寸即可。黄色霉丝含黄曲霉毒素，绝不能用。黑霉、红霉也不能用，只能是白霉胚子。

第四节　水果加工

祁东的水果品种多，但一般是家庭小规模种植，没形成大型产业，一般水果都为鲜食，能加工的水果品种较少。

一、红枣

枣子分糖枣和糠头枣，其成熟后，一般用来加工为红枣。摘下的鲜枣，用被单摊开晒干，被单透气性好，枣子由青变红，晒干即为红枣。一般 4 斤鲜枣可晒得 1 斤红枣。

二、柿饼

未红的柿子，果肉是硬的，削掉一层薄皮，放竹搭子上白天晒，晚上吸露。晒干后即为柿饼。

三、干桃仁

桃为鲜食水果，20 世纪 60 年代，国营糖果厂加工桃肉罐头。桃被鲜食后留下桃核，收起来晒干，用锤子敲开核壳，取出桃仁，桃仁再晒干即可。干桃仁或做炒货，或做糕点的馅料。

四、干橙子皮

橙子皮厚，剥开时先削去外皮，再将皮内部分划作半寸宽的条，剥取后晒干，用作橙子糖的原料。

五、柑子皮

柑子剥食后留下的皮，晒干后即为柑子皮，柑子皮入菜可去腥味，柑子皮入糕点可增香，柑子皮熏腊鱼腊肉可增色(焦黄)。

六、花生

花生别名落花生，祁东多产小籽花生，籽粒饱满，收获花生时不用机械和锄头挖，就是用手抓住花生茎叶，连根带籽都扯出来，又叫扯籽。花生摘下后倒进水桶里或装进谷箩放入水塘里，让不壮实的籽浮在水面上，浮起的籽叫乙籽，捞出乙籽不要，这个过程也叫淘籽，留下的壮籽晒干后储藏。

七、葵花籽

向日葵又叫傍日莲。向日葵结籽扬花后，摘下籽盘，晒上 1~2 天太阳，葵花籽稍干籽盘内部就会松动，这时一手提籽盘，一手用棍子敲打葵花籽使之脱落，再将籽晒干。晒干后用簸箕簸去瘪子。

花生和葵花籽都可以榨油，但祁东人习惯不榨油，将其作为重要的干果食用。

八、板栗

板栗包括野生板栗毛栗子和旋栗子，主要是鲜食，保鲜方法是晒干脱水，防虫防霉变。

▲ 祁东小籽花生

▲ 板栗

第五节 熬 糖

祁东熬糖的历史久远，但都是家庭作坊生产，所用原材料都是就地取材。

一、红薯糖

熬糖的红薯大小没有要求，包括红薯根都可以。红薯洗净，焖熟，冷却到 25～30℃，掺入谷芽粉，拌和均匀，装进缸里，荷叶盖好，20 天左右全部发酵。发酵后捣碎，加水用包袱过滤，过滤后的含糖水放锅里烧开，然后转慢火熬，让其糖分充分转化，熬到一定程度就为糖浆。用筷子挑起糖浆能挂住不掉落，这时可以熄火，待冷却后糖浆能舀得动的时候，舀出，放簸箕里摊平，至完全冷却定型，用刀划成长方形块，即红薯块糖。

二、橙子糖

已加工好的干橙子皮，用冷水泡发，揉搓橙子皮去植物碱，沥干水，再晾干。在红薯糖或其他糖熬到一半干的时候放入晾干的橙子皮，搅拌均匀，熬到橙子皮变成糖色。糖浆与橙子皮的比例一般为 1：3，做好的橙子糖虽然粘在一起，但又能分开。也有的用柚子皮，叫柚皮糖。

三、饴糖

用米作为原料熬成的糖叫饴糖。糖曲是稻谷发芽一寸长时，将其晒干，磨成细粉，箩筛去掉谷壳，余下的细粉作糖曲。大米与水按 1：2 的比例煮成饭，冷却到 25～30℃，撒上谷芽糖曲，入缸发酵 21 天，舀出用水稀释，包袱过滤，过滤不尽的糖糟，用包袱兜起扎紧，上木榨，榨尽汁。过滤和榨出的汁倒入洗净的锅里，烧开后慢火熬。糖汁收干，用筷子挑汁，能挂起而不掉落时，熄火，舀入密实的簸箕，冷却切成块，即成饴糖。

▲ 橙子糖

▲ 饴糖

四、錾糖

饴糖出锅后，冷却到 50~60℃ 时，将饴糖揉成长条形，围在木柱上，不断地拉扯，拉扯一定长度后折转，继续拉扯，多次反复，待扯到颜色变白，将其放在干净的竹制盘子里，冷却后即为錾糖。錾糖韧性很好，手扯不烂，刀砍不进。只能用錾子和锤子一点点敲，长沙叫"叮叮磕"。錾糖入口咬不动，而且粘牙，只能含在口中慢慢融化。

五、甘蔗糖

甘蔗去叶去根，清洗干净，晾干。用木榨榨出汁。榨出的汁入锅熬制，待舀起能挂丝时倒入竹盘，竹盘内有格子，厚度为 1 厘米左右，待冷却后，用刀均匀划成块，即为甘蔗糖(红糖)。

▲ 錾糖

▲ 甘蔗糖

六、纸包糖

白糖熔化，机器压成长方形、圆形颗粒，用长方形的玻璃纸包好，两头的纸拧紧，即为纸包糖。白糖熔化时加入牛奶，即为牛奶糖；加入水果，即为水果糖；加入咖啡，即为咖啡糖。

第六节　煮　酒

煮酒是一种传统工艺，几乎家家户户都会做。大米、高粱、红薯、糯米都可以做酒。经过蒸馏的酒叫白酒，未经蒸馏的为黄酒和红酒。煮酒离不开酒曲，酒曲又叫饼药。饼药主要是几种草药晒干后捣碎加生米粉制作而成。

一、米酒

一般一缸米酒用大米20斤，加水35斤煮成酒饭。酒饭铲出，盛放于篮盘中，均匀散开，待温度降至25～30℃时，将碾成粉末的酒曲均匀地撒在酒饭上，边洒边拌匀，然后装进酒缸，封好缸口，21天后即可熬酒(蒸馏)。开坛将酒料倒入大锅内，加适量水，以不溢出甑脚为宜。安好甑，装好笕槽，放上天锅，天锅盛满水，生火熬酒。当天锅水温为70℃时，必须舀出换上冷水，否则甑内蒸汽不会凝结，笕口不会流出酒。换一次叫熬一锅水，一般只熬五锅水，再熬就是尾子酒，没什么酒精度。熬五锅水的酒，酒精度为25度左右，20斤米熬出20斤酒，这是祁东米酒的标准。

▲ 酒缸 发酵缸

▲ 酒甑

▲ 酒坛

▲ 酒提子

▲ 封缸酒

▲ 甜酒缸

米酒熬制的技术要点：

（1）酒饭要熟透熟均匀，夹生饭做酒不能全部发酵，没发酵的酒饭下锅后，容易煳锅，熬出的酒有煳味，既不好喝出酒率又低。

（2）放饼药时酒饭的温度掌握在 25~30℃ 间，超过 30℃ 酒饭变酸，熬出的不是酒而是醋，温度太低不发酵，所以煮酒饭的最佳时间是重阳节前后。

（3）湿熬和干熬的选择：湿熬是酒料入锅加水熬，干熬是酒料加谷糠拌匀，放在竹搭子上隔水熬。这样即使酒饭没完全发酵，也不会煳锅。

（4）换水时速度要快，要降火，以免天锅因缺水重量轻，而被蒸汽冲出。

（5）天锅底部、地锅里面都不能有锈，否则酒质不好，熬出的酒有铁锈气味。

（6）饼药有好有差，要先试缸，防止损失。

二、糯米酒

熟糯米与水按 1∶1 煮成饭，冷却到 27℃ 左右，放甜酒曲拌均匀，入缸密封。酒曲用量遵供货方之嘱，不可随意增加或减少。冬天煮糯米酒温度低，要用稻草和棉絮之类包住酒缸，有的将酒缸放在空置的柴火灶里，周围用灶灰填充，顶上加盖棉絮，这叫洇窝。21 天后即可揭窝开坛。糯米酒酒精度低，汁稠有甜味，因此叫糯米甜酒，甜酒滗出的汁叫糊之酒，可直接饮用，加水勾兑，叫水酒。

三、黄酒

用糙糯米煮成饭，冷却后用甜酒曲粉末拌均匀入缸，工艺与糯米甜酒相同，成酒后榨出汁，榨出的汁酒精度低，有甜味，颜色带点黄色，故叫黄酒。

四、封缸酒

封缸酒又叫压酒。米酒一缸 20 斤，加入 5 斤糯米做的甜酒，搅拌均匀，有的放入一边猪板油，封坛 3 个月即可开坛，过滤酒糟，即为封缸酒。封缸酒带点甜味，酒精度不高，颜色呈白色，酒入杯可起堆，可挂壁。口感好，喝多了易醉，但不伤体。

五、配制酒

米酒出锅后，让其自然冷却，再放入一定比例的红枣、枸杞、当归浸泡，当其成分全部泡出后，用纱布过滤后可直接饮用，这就叫配制酒。有的还放贵重药材，如人参、玛卡等。配制酒又叫药酒、功能酒。

第七节　食材储存

农产品的特点是：季节性生产，全年消费；本地生产，异地消费。在没有现代储存设施的条件下，为实现秋收冬藏，祁东人摸索了较多的经验。

一、干货储存

1. 隔潮法

适用于稻谷、大米、高粱、大豆、玉米、荞麦等谷类品种的储存，隔潮物体主要是木仓、木柜、木桶(如米桶)。木板不会返潮，但里层不能刷油漆。

2. 吸潮法

适用于储存腊肉、腊鱼、糖、烘炒花生、烘炒瓜子、油泡炮谷、薯饼等。广口陶瓷大缸、釉色均匀无沙眼，缸内放一半空间的石灰，石灰为刚出窑的无夹心的块灰，隔一层棉布或黄草纸，将要储存的食品置于其上，缸口盖棉絮蒲丁，再加陶瓷缸盖压住。多批次食品进出后，石灰由块灰变成散灰，吸潮效果不好时，应更换石灰。

3. 翻晒法

适用于易受潮、易生虫的干菜干果和谷物类，如干豆角、干萝卜丝、干红薯片、白辣椒、绿豆、黄豆等，翻晒就是趁着太阳天，将以上食物搬出去再次晒干。

4. 熏烤法

熏的方法适用于干笋子，既可使其保持干燥，又不生虫子。烤的方法适用于腊鱼、腊肉类食品。这两种食品不能在太阳下晒，对没有石灰坛子的家庭而言，只能隔一段时间将腊鱼、腊肉烤一次。

二、鲜货保管

1. 活物活养

每个家庭隔一段时期都有大事要办，如修房子、大寿、婚娶、添丁等红喜事，会计划摆酒，因此要事先做物资准备。干货可储藏，鲜货只能活养，如猪、鸡、鸭等。有时碰上天旱鱼塘缺水，便在家门口的水田里挖鱼池子，将塘里的鱼捞放到池子里养起来。白喜事不能像红喜事那样明着储备物资，但凡家有生病老人，定有隐秘的准备。

2. 窖藏保鲜

窖的式样有立窖和拱窖两种，立窖是在地面垂直挖洞，洞径70厘米，往下3米处周围斜挖到底2米，形成一个直径4.7米的拱形窖室，一般可储存30担红薯。拱窖有如北方的窑洞，红薯、槟榔芋、土豆等都可入窖过冬。

3. 筑窝保温

筑窝就是在室内用砖砌个围子，地面和围子里面都放一层稻草或旧棉絮。上面同样盖好，形成包围圈，中间可放鲜红薯、芋头、土豆等。另一种方法是利用空置的大灶，封好灶门，红薯、凉薯、土豆、芋头等放其中，铲灶灰填充盖严。

4. 通风保鲜

鲜板栗(包括野生板栗)易坏易生虫，晒过三个太阳天后，将板栗装进网袋或绒布袋，吊在通风避雨的梁上，每天早晚用棍子敲打袋子几下，可防止生虫子。

第八节　食材质量鉴别

旧时，没有仪器和设备，食材的质量全凭个人经验和个人感官进行鉴别。其方法有如中医的"望闻问切"。以下列举主要食材的鉴别方法。

一、稻谷

看是否有瘪谷和杂质，看颜色确定是否沤烧过，闻是否有霉气，用牙咬稻谷是否嘣脆，确定其含水量。

二、大米

看米色是否正常，是否有碎米和沙，是否有霉米。有黄米的话就是霉谷子米，黄米含黄曲霉毒素。呈半透明黑色的米是霉米，闻起来有霉气。咬起来不嘣脆的米含水量高。

三、大豆、高粱、小米、荞麦

大豆、高粱、小米、荞麦的鉴别方法与大米的鉴别方法相同。

四、绿豆

看是否有杂质，颗粒是否饱满、均匀。凡是颗粒小、颜色呈黑红色的，那是死绿豆，又叫公绿豆，一般是结籽晚的绿豆才有公绿豆，这种公绿豆是煮不烂的，吃起来硌牙。

五、鲜红薯

看表面是否光滑，是否有烂疤；看形状并掰断薯蒂，判断是否筋多；掂重量，重的红薯含淀粉多。

六、槟榔芋

看尾巴是否带钩，带钩的就是正宗的槟榔芋。因为正宗槟榔芋在栽种时是将母体横着栽的，新生体往上长，母体不长大，也不脱落，最后形成一个钩。这是正宗槟榔芋的最大特点。掂重量，判断淀粉含量的高低。剖开时，松刀的淀粉含量高，紧刀的反之。内部花纹多的、颜色红的为质量上乘；如果花纹少、颜色呈白色，则是施了化肥的，吃起来不粉、不香、不软糯。

七、黄花菜

干黄花菜的质量的鉴别指标较多。手抓黄花菜，就可以判断黄花菜的干湿度；看成色，正常为焦黄色，因季节和品种不同略有变化；看是否有开花菜；看是否有蒂子带秆；看是否有沙和其他杂质；看是否生虫（有虫眼、虫屎）；看是否用硫黄熏过；看是元菜还是药菜，元菜是上蒸笼杀青的，药菜是用焦亚硫酸钠杀青的，颜色淡青，带鲜菜本色，闻起来有点酸味。

八、手工红薯粉

看干湿度，用牙咬就能辨出润与燥。看颜色，正常色为浸色（半透明的浅白色）。红薯粉显黑色有几种原因：一是红薯挖前生了虫；二是过滤红薯浆时重复使用过滤水；三是湿粉子没及时晒，长了黑霉。看粉丝粗细是否均匀，有鼓起的部分俗称"猪崽子"，"猪崽子"是杂质导致的。看粉丝的肩头部分是否分得开，粘连在一起不好。

九、油豆腐

首先看颜色，焦黄为正常色，浅白色是炸的火候不够，焦黑色为油质不好。捏压油豆腐，反弹力大的油豆腐为炸空了；内部很饱满，没有反弹力，说明没炸透。闻气味，有馊味说明豆腐胚子有问题；如有煳臭味说明豆腐浆烧煳过。

十、鲜萝卜

光滑度好，水分含量高的是好萝卜，开春的萝卜要掂重量，手感越重的越嫩；手感轻的萝卜可能是空心了。看萝卜头的切口周围是否有一圈白筋，有白筋的是抽薹萝卜，不宜食用。

十一、黄芽白、包菜

看包得紧不紧，一压一掂就感觉得到；看边皮和蔸子是否去得干净；开春后的菜要看里面是否抽薹。品质好的黄芽白、包菜炒熟后比较软，口感有点甜，施了化肥的菜口感梆硬，不甜，甚至有苦味。

十二、苋菜、空心菜、菠菜、芹菜等

主要看嫩不嫩，有无黄死叶，是否抽薹；是否有虫口；是否是现摘现卖的新鲜菜。

十三、鲜辣椒

有青、红辣椒，有多个品种，一是看新不新鲜，二是看有没有虫眼，有虫眼的必定是有虫。青辣椒有老、嫩之分，凡表皮光滑、较硬，颜色是黑青色的是老辣椒。

十四、鲜茄子

一看新鲜度，蔫了的不新鲜；二看老嫩，捏住茄子感觉硬的是老茄子，颜色由红变白的是老茄子，由白变黄的是留种茄子；三是看虫眼，有虫眼的茄子没食用价值。

十五、丝瓜

嫩丝瓜表皮光滑、较软；老丝瓜表皮现筋，瓜皮梆硬，里面起抹布筋，籽粗；虫钻过的丝瓜即使削除虫伤部分，余下部分煮熟后也会很硬，味苦。

十六、北瓜

北瓜现在也有叫南瓜的。如果炒丝吃就选青色的嫩北瓜，白青色的就老了。如果

是煮，或蒸，或做北瓜粑粑，必须用老北瓜，老北瓜是黄色的，掂着越重的越粉越甜。

十七、苦瓜

苦瓜越嫩越苦，一般选青带白的苦瓜或炒或酿；苦瓜越老越红，转红色的苦瓜可以吃，但只能蒸熟作熬苦瓜。有虫眼的苦瓜肉质特硬，无食用价值。

十八、新鲜竹笋

1. 冬笋

冬笋是冬天生长的笋子，一般出不了土，长不成竹，只能用作食材，靠人工挖出来。因此无所谓老嫩，但个头大的比个头小的笋肉多。

2. 春笋

大春笋主要是楠竹笋，一出土就老，笋叶越多笋节越长的笋越老，挖出来的笋叶是白色的笋，俗称白牙子笋，特别嫩。小春笋品种多，有水竹笋、鸡婆笋等。小竹笋都是出了土的，越矮的越嫩。大春笋和小春笋不剥壳可以保鲜两至三天，剥了壳的必须尽快焯水杀青，不杀青就会变老。

十九、干笋

首看干湿度，没干透的笋子不易保存，而且重秤；次看笋蔸大小，笋子小，损失少；再看笋节密度，笋节密，笋子嫩；还看是否有虫眼，虫子最爱吃嫩的部分，生虫之后的干笋子基本无用。

二十、活鸡

看冠子和尾巴毛能分出公鸡和母鸡；看脚爪子及脚杆子皮的硬度和花纹，可推算出鸡的日龄；摸鸡的肛门，松的是生蛋鸡，紧的是未生蛋的鸡；摸鸡的胸脯肉可知鸡壮实与否；摸食袋就可知鸡吃了多少东西；看鸡的活泼度，凡不爱动的鸡，眼睛闭着有眼屎，屁股上粘有屎的鸡肯定是病鸡。

二十一、活鸭

区分仔鸭和老鸭，一看鸭毛是否长齐，仔鸭的毛没有老鸭的丰满；二看鸭脚板的茧，老鸭的脚底有茧，越老的鸭脚茧越粗越厚。区分母鸭与公鸭，一是看尾巴，公鸭有卷毛；二是看毛色，公鸭的毛带紫色；三是听声音，母鸭叫声为"嘎……"，公鸭叫声为"哈……"。判断是否为正在换毛的鸭，就是扯一下鸭背上的毛，一扯就脱，说明正在换毛，这样的鸭很难煺隐毛。

二十二、鲜草鱼

看鱼背颜色，深水鱼（如水库鱼）背上呈黑色，浅水鱼（如山塘鱼）背呈白色或带浅黄色，深水鱼腥味重；冬天的草鱼看鱼腹部，腹部瘪的是吃草的鱼，腹部鼓起说明鱼油多，肯定不是单纯地吃草的鱼，按现在的说法是喂了饲料的鱼；看鱼鳞是否有脱落，脱落处有溃疡，就是病鱼；闻气味，鱼塘水体有污染，鱼身上会散发泥腥和煤油味等气味。

草、青、鳙、鲢四大家鱼的鉴别方法基本相同。

二十三、猪肉

要区别正常肉和非正常肉。

1. 正常猪肉

（1）区别土猪和洋猪，土猪肥肉厚，洋猪肥肉少。

（2）判断猪的月龄，月龄长的猪肉品质好。

2. 非正常肉

（1）母猪肉（注：专指繁殖猪崽母猪的肉）：皮粗肉厚，乳头大，肚腩泡泡肉（俗称"奶疬"）多，猪蹄子、猪耳朵等比正常肉猪大，现在的母猪耳朵有一个或几个缺口。

（2）公猪肉（注：特指配种公猪的肉）：公猪肉皮厚，蹄子和耳朵都粗大，瘦肉纤维化，颜色为黑红。

（3）死猪肉：死猪肉就是没有过刀的猪肉，其特点是血灌皮，瘦肉黑红，肥肉暗白色。

（4）病猪肉：看猪皮是否有溃疡；看肉色是否呈黄色，呈黄色说明猪得了病，叫黄边猪；看嘴和蹄是否有溃疡，有溃疡的话说明有猪五号病。

二十四、坛子腌菜

（1）开坛闻坛子香味浓不浓。

（2）看坛子腌菜起白没有，起白就是坛子漏封，腌菜品质不好。

（3）看坛子里是否有蛆，有蛆就是进了生水。

（4）试腌菜脆不脆，如腌辣椒，不脆的腌辣椒品质不好。原因一般有三：一是辣椒为秋前所摘，二是摘的辣椒太嫩，三是入坛前没晾干水分。

（5）试腌菜咸与酸，过度咸或过度酸都不好。

（6）检验是否含沙，切碎的叶子菜，放盆里洗一下捞出，沥干水，看盆里有没有沙。

二十五、霉豆腐

（1）闻坛香和酱香是否浓郁。

（2）看是否霉透，没霉透的豆腐边边软，中间硬。

（3）看是否光滑细嫩，不光滑细嫩的是胚子老，或者是带豆渣的。

（4）正常的颜色是鸭蛋青。

（5）试咸淡，过淡的霉豆腐会发臭。

二十六、豆豉

（1）闻香气是否浓郁，不浓就是没放米酒。

（2）看豆豉是否舂成泥，有豆豉粒和豆豉瓣的欠佳。

（3）看是新鲜剁辣椒拌的，还是用干辣椒粉拌的，干辣椒粉拌的不鲜，而且干辣椒籽往往有霉味。

（4）试咸淡，豆豉咸比淡好。

以上是传统的食材鉴别的基本方法，掌握了基本方法，一般就能买到好的食材。在科技发达的今天，这些基本方法仍然有用。

第二章

烹饪基础

第一节　基本原理

　　基本原理是指带有普遍性、基础性的规律，自然科学、社会科学都有其基本原理。如数学、物理、化学都有定理、定义，机械有机械原理，会计学有会计原理等。烹饪是一门技术，也是一门艺术，涉及物理、化学、美学、营养等多学科知识，因此烹饪技术也有它的基本原理。

一、酸碱平衡原理

　　动物类食材多为酸性，植物类食材多为碱性，将其搭配得当，使之酸碱中和，烹饪出的饭菜既美味，又有利健康，这就是酸碱平衡。酸碱平衡原理在加工烹饪过程中经常遇到，如：加工牛羊毛肚时放点生石灰或食用碱浸泡一刻钟，黑皮就容易脱落。一些有水平的厨师一定会注意酸碱平衡，讲究荤素搭配。一桌菜必须是有荤有素，每道菜也要注意荤素混炒，如辣椒炒肉、芥菜梗炒牛肉、筒子骨炖萝卜。在烹饪纯荤或纯素的菜时，一般利用焯水的方法去碱去酸。如：清炖牛肉、羊肉，熬肉都是先汩水去酸，将泡沫捞出，因为酸性物质主要在泡沫中；又如芥菜、甜菜都是碱性蔬菜，必须先焯水，冷水浸泡后挤干水分，去除植物碱再炒；在生吃蔬菜时，如黄瓜、酱瓜、醋苋菜梗等，习惯放醋，一是杀菌，二是使酸碱平衡。

二、热胀冷缩原理

　　物体遇热体积膨胀，遇冷体积收缩。在干货胀发过程中，要先用冷水再用热水，或者一直用热水；如果用了热水再用冷水，这样骤热骤冷，一胀一缩，很难发好。如水发墨鱼，先用了热水，温度降低后，也要再换热水，不能用冷水。在漂洗过程中，也要用热水或温水，不能用温差大的冷水漂洗。

三、慢干慢发原理

　　谷物、蔬菜和肉类脱水过程是循序渐进的过程，胀发和蒸煮过程同样也是循序渐进的过程。比如刚收割的稻谷，晒一天太阳是晒不干的，头天晒了，经过一个晚上降温，要第二天再晒才能晒干。同样，用火煮饭，急火是不行的，必须饭开后，停火坐汽，再冲火，有的要冲两次火，饭才熟透。现在用电饭锅煮饭，跳闸后仍要多焖一下，待坐汽后才能揭盖，若揭盖揭得早了，饭可能没熟透，看上去水汽汪汪的。又如：干笋子是慢慢晒干烤干的，泡发时必须先用冷水或温水慢慢发，如果一开始就用高压锅压煮，那么笋子表层煮烂了，中间也不会发。再如烤腊鱼腊肉，只能用慢火，急火烤的话肉质会柴。另外，肉类结冻和解冻也是循序渐进的，将一块冻肉放进高压锅煮是解不好冻的。

四、水响不开原理

在烧水过程中，由于锅底受热不均匀，有火的部位的水温迅速升高，往上鼓泡子，与其他温度低的水产生碰撞，形成响声，待锅内水均匀烧开后，响声停止，这就是水响不开、开水不响的原理。在加工黄花菜时，充分利用到了这个原理。新鲜黄花菜上蒸笼杀青，需要将水烧开。烧开后必须熄火，否则黄花菜晒干后变黑。过去没有温度表，又不能揭开锅盖看，夏天的环境温度高，锅里冒出的热气也不明显，只有听锅里的水响，水不响时，赶快熄火，待坐汽后才揭锅盖。

五、蒸笼热度自上往下原理

蒸笼蒸食物时，锅内蒸汽往上冲，遇到蒸笼盖阻挡，蒸汽往下回转，因此，蒸笼内的温度就是从上往下增高，温度最高处是蒸笼的最上层。多层蒸笼蒸馒头时，最上层的馒头先熟，煮饭也是如此，上面部分的饭先熟。蒸煮食物，停火后不能立即揭盖，待其蒸汽回流到底部后再揭盖，这样食物才能均匀熟透。

六、食物淬火返生原理

淬火返生就是利用温差冷却。钢材淬火是钢材加热到一定的温度时，用冷却剂迅速使其大幅度降温，以增加钢材的硬度和强度。厨师们所用的刀都是要淬火的。切菜刀锋利，是硬度大的缘故；但碰到硬物，容易缺口，是脆度强的缘故。砍刀相反，切菜不锋利，砍硬物不缺口。两者的区别就是淬火的温差不一样。食物淬火返生，就是食物加热到一定程度，使其迅速降温，食物体积收缩变脆变硬，达到预期效果。如，焯水的蔬菜，从开水中捞出后迅速放入冷水里冷却凉透，再炒不变色，而且比较脆。如果不迅速降温，直接入锅炒，则可能变黄色，久炒成泥。如，热米豆腐、荷折皮、红薯豆腐坯子等，未经冷透返生就下入热汤锅，会变成糊糊。再比如，热米饭用来做炒饭，不但粘锅，而且饭团炒不散。如果是冬天的隔夜饭，冷得很透，返生后的饭团容易弄碎，再放点油炒，饭粒如散沙易炒。

第二节　基本技能

基本技能是指烹饪的基本功，包括刀法、前期工艺、烹饪方法等。

一、刀法

刀法就是用刀的方法。

1. 切

切菜的前提必须是无骨肉或蔬菜，刀要用锐利的菜刀，根据成菜的需要，分别用直刀或斜刀，切成段、片、丝或粒等不同的形状。

2. 砍

畜肉的分解或大骨头的分段用砍的方法，砍必须用砍刀，用普通菜刀砍，刀会缺口，用砍刀时刀不能撇，否则也会伤刀。

3. 剁

禽肉和鱼的骨头不及畜肉骨头粗大，可用砍刀剁，剁细后菜的形状为块或坨。

4. 剐

无骨肉和蔬菜分细的方法。如将辣椒剐成米粒状拌豆豉。又如剐肉成泥，用作肉丸、臊子和包子馅。剐菜时用切菜刀。用力不能猛且要均匀，否则肉泥中会有砧板屑，有的在砧板上垫一块猪皮，剐菜可以是两手各持一刀，熟练者操刀的声音很有节奏感。

5. 斩

斩是介于剐和切之间的用刀方法。碰上筋、皮切不动，砍刀砍不动时，只能用菜刀的根部，迅速利落地下刀分解。

6. 轧（音 ǎ）

轧的用刀方法是右手拿刀的后背部位，左手拿刀的前背部位，两手轮流一抬一压，将原料压切碎。因为原料分量少，剐和剁都会溅，最好用轧的方法，如轧辣椒。

7. 划

划就是刀尖一头落地，往另一头拉，将原料和食物分块的方法。划的前提是食物细嫩，如划水豆腐、划猪血、划蛋糕等。

8. 剥

用刀使动物的皮从肉体分离下来，叫剥。剥下的皮可用于制革，如剥下的猪皮、牛皮。将植物的果实去壳也叫剥，如剥花生、剥蚕豆。

9. 削

削是用力使刀往前推。给蔬果类食材去皮叫削，如削槟榔芋、削荸荠、削丝瓜。削在一定程度上可代替切。

10. 拍

拍是用刀面将食材拍碎或拍扁的方法。拍碎的东西容易入味，如拍黄瓜、拍辣椒、拍大蒜瓣等。

11. 锤

锤是用刀背锤。一些荤腥食材，其骨头取不出，成菜后又要能嚼得烂，可用刀背将骨头锤碎，然后再切断入锅，如锤鸭脖、锤鳝鱼等。

12. 抻

抻是刀把朝下，用力一上一下将碗或钵里的食物捣碎成泥。如抻茄子、抻辣椒，茄子和辣椒先入蒸笼或放煮开的饭面上蒸熟，取出盛入碗或钵里，放油、盐，用刀把抻成泥，即成菜。

13. 剜

剜是用刀尖或刀根部着力，将表面凹进去刨洗不到的东西弄出来，如剜猪头，猪头表面坑坑洼洼，必须用刀尖和刀根部位剜才能清除干净。

14. 勒

切金钱蛋和切皮蛋时，往往一刀切下去蛋黄与蛋白脱离后会粘在刀上。为避免此种情况，可改切为勒。勒的方法是刀刃靠近蛋，刀往前往上推，向下压向上拉，这样一上一下拉锯，蛋黄不会粘刀。还有种勒的方法是用细线。牙咬一头，右手扯一头，左手手心朝上抓蛋靠近线，来回拉动，将蛋分成片，蛋黄与蛋白也不会分离。

15. 刨

刨是动物去毛、瓜类去皮的一种方法，如刨猪毛，用阴阳水将猪身淋透后，用刀刨毛连根带出。又如刨丝瓜，刚摘下的丝瓜可以用菜刀刨，连硬皮都能去掉。如果丝瓜没放在水里浸泡，自然干软，则必须用丝瓜刨子刨才能去皮。

16. 刮

用刀去掉附在畜肉表层的东西，越快的刀刮得越干净，用烙铁烙成锅巴的肉皮容易刮干净。有毛的肉皮必须先将毛烧干净或扯干净再刮。如果直接将毛刮干净，待煮熟成菜后，毛苋子会长出来像刷子一样影响食欲。

17. 剔

用刀将骨头上的肉分离出来，叫剔。不同的部位有不同的刀法，筒子骨上的肉可以削，骨头缝里的肉用刀尖挑。无论哪种用刀的方法，将骨头和肉分离都叫剔。

18. 剪

剪刀是厨用刀的辅助工具。鸡、鸭、鸽等宰杀后开膛，用剪刀剪比用刀砍容易些，因为整只鸡鸭很软，刀砍难将肋骨砍断，如果用猛力砍可以砍开，但可能会破肠或破胆，效果不好。所以禽类开膛时习惯用剪刀。在清洗鸡肠、鸭肠和鱼肠时也可以用剪刀剪开后再清洗。

另外，有些情况下手撕、手揪也代替刀的功能，如手撕腊牛肉、手撕包菜。有时大白菜、菠菜也是用手揪成段后下锅。

二、前期工艺

前期工艺就是烹饪前期准备，是成菜的必须工序和技艺。

1. 干货涨发

不同的干货有不同的涨发方式，同一种干货也有不同的涨发方式。

(1)清水发。干货放清水里浸发。根据不同的干货，可用冷水、温水或开水浸发。

(2)潲水发。潲水发是水发的一种。潲水发容易去污，如干笋和干萝卜叶子，用潲水浸泡后容易清洗。

(3)泥巴发。泥巴发就是将干烟笋踩进水田里，让其自然涨发。一是冬天的泥温高于水温，而且是恒温，烟笋容易发透；二是泥巴去污，泥巴发的烟笋易清洗。

(4)碱发。碱发就是水里放一定量的碱。将干货放进碱水里涨发的方法。碱发比水发速度快，如碱发鱿鱼：鱿鱼入碱水浸泡一刻钟，煮开一刻钟，自然冷却(不揭锅盖)1小时，清洗后改刀，再入锅烧开退碱，捞出后漂洗备用。碱发干鱿鱼两个小时可以成菜。

(5)油发。将原料放进滚油锅里，迅速膨发的方法，如油发猪皮。还可在锅里放油烧开，将干红薯粉条下入锅内翻炒，红薯粉条很快膨发变白，再加水煮，稍煮片刻即可，成菜后红薯粉油光发亮。

(6)蒸发。蒸发就是干原料用水浇湿入蒸笼慢慢膨胀，这样可保证原料的原味。如蒸米麸肉、蒸腊鱼、蒸腊猪舌等。

(7)膨化发。膨化发是大米类原料在高温高压的情况下突然减压而膨胀。如爆米花、爆玉米花、爆爆果等。

2. 汆水

将肉类食材放入开水里，略微煮一下后捞出，使肉类原料去浮沫去酸。如汆排骨、汆猪脚等。

3. 整水

将原材料放在开水锅里加盐久煮后捞出，如整香干，久煮能排出石膏水。整猪肉要全倒红才能捞出，猪肉倒红就是排酸。

4. 焯水

将蔬菜类食材放入滚水里，待水再开即捞出入冷水。

5. 腌制

将切好的原材料用盐或酒及香料拌和入味待用叫腌制。蔬菜晾晒干水后用盐拌和入坛密封发酵，是另一种腌制，如腌辣椒。

6. 酥制

整好的猪肉表层涂上甜酒汁，放入滚开的油锅里，待其去脂变色，捞出后即入冷水，肉皮立即起泡。如酥扣肉、酥髈肉。

7. 摊制

摊有两种方法。一是隔水摊，如摊粉皮，水开以后放盘子，将调好的米浆倒入盘内摊匀，待熟后取出，切成条状，即成手工米粉。二是锅里放油直接摊，如锅里放油烧热后，将调好的红薯粉浆倒入锅里，旋转使浆摊匀，定型后翻边，熟透后取出，待冷却后切成小条，即成荷折皮。

8. 油炸

油炸是锅里放足量的油，烧热或烧开，将原料入锅炸酥、炸空。有的原料不需炸酥炸空，只需入锅稍炸捞出，叫过油。炸鲫鱼要炸酥，捞出后再煮或焖。油豆腐要炸空，没炸空的油豆腐表面不鼓胀，掐紧松开不反弹。鱼块或整鱼入锅稍炸出锅，这样过了油的鱼，成菜后不腥，过油比油煎速度快。

9. 制坯

制坯是使原料定型。如米豆腐、红薯豆腐、栗子豆腐等，都是在原料中放水调成浆，入锅搅拌均匀熟透后，舀出入盘冷却变硬，即为料坯。

三、烹饪方法

各地的习惯不同，烹饪方法有所区别，相同的烹饪叫法也不一样，但总的来说还是大同小异。

1. 烩

多种原材料单独加工煮熟后，汇成一锅再添加原汤熬煮，剩少量汤汁时出锅，成菜后习惯叫杂烩。

2. 煮

将原材料入锅带水或汤加热成菜。有的菜是先放油将原料炒熟，再放水煮；有的菜是原料入锅的同时加水煮，如煮槟榔芋和煮南瓜。

3. 炖

原材料入锅加水盖上锅盖，烧开后用小火久煮至烂。炖菜一般带汤出锅。如炖老鸭。

4. 焖

原材料入锅加少量水，盖紧锅盖使之煮熟，用火为中火。如焖红薯。

5. 卤

用盐水加五香粉或加酱油等，煮开后，放原材料入锅煮，成菜后叫卤菜，如卤牛肉、卤鸡爪、卤香干等。卤菜可做凉碟，也可回锅炒。

6. 氽

原料放入调好味的沸汤里，略微煮一下，捞出即食。如氽瘦肉片，肉嫩味鲜。

7. 蒸

锅里放水，原料盛入钵和碗里，置放在隔水的架子或搭子上，盖好锅盖，利用蒸汽蒸熟。如蒸鸡、蒸鸭等。

8. 笼

米饭煮开后，将盛有原料的碗放在饭面上，如果原材料是鲜辣椒、鲜豆角，则可直接放饭面上，盖紧锅盖，冲火两次。第一次上大汽后保持3分钟左右，第二次上大汽即可。笼跟蒸有区别，蒸是任何原材料都可蒸；笼是易熟的原材料且不带骨头才可笼，并且要将其切薄片，太厚的笼不熟。如果原材料本是熟的也可笼，如笼豆腐干子、笼腊鱼。

9. 煎

锅里放少量油，加热后放入原材料，使之焦黄、焦脆。油不能多，油多了就是炸和泡。

10. 炸

将原料放在沸油锅里使之变色，炸后的食物口感焦脆。其特点是原材料水分少，炸的时间短。

11. 泡（páo）

将原材料放在沸油锅里，慢慢地脱水膨胀，使之外焦内松，如泡油豆腐、泡黄雀肉。其特点是原料含水多，泡的时间长，与炸的特点相反。

12. 爆

放油入锅，大火烧至油滚热，原材料入锅迅速翻炒，迅速成菜出锅。其特点，一是爆的是肉类原料，且是生料，如爆仔鸭；二是油多火大，原材料入锅时冷热碰撞出"叭叭"响声。

13. 炒

油入锅加热，原料入锅不停地翻动，断生成菜。如炒白菜、炒菜心等。

14. 熬

放油入锅加热后下料翻炒，放盐翻炒均匀，放少量水焖煮，原材料熟透入味，加香料炒匀，剩少量汤汁时出锅，如熬肉。另外，熬茄子、熬豆角时不加水。

15. 煨

将生的原材料包裹后置于高温的火灰里，断生成菜。如饼药煨瘦肉：瘦肉泥放盐放饼药粉拌匀，用浸湿的荷叶包好，置于火灰里，适时翻边，待外层荷叶焦碎后即可。还有煨鸡蛋。叫化子鸡也是煨的。

16. 炆

用文火将原材料煮熟。烧开后基本不用明火，炆的时间长。如炆猪头：清洗干净的猪头开边入锅烧开，捞出浮沫，盖好锅盖。用糠头或锯木灰盖实已烧燃的柴苑子，再用灶头灰盖严实，让其保温几小时，使其骨酥肉烂。

17. 㷛

饭菜冷却后再回锅加热叫作㷛。㷛不用大火。另外，小鱼小虾、螺蛳肉也可以用小火慢慢㷛干。

18. 烤

将原料接近或接触火源，使其加热或熟透。烤与煨、烘的区别是：烤的物料在明火上面，煨的物料在明火下面；烤接触火源，烘是架空的，离火源远，靠热气上冲使原料脱水。烤和煨是烹饪方法，烘是加工方法，是烹饪前期工艺。

19. 焖

焖是盖紧锅盖，用微火将原材料煮熟，出锅时带少量汤汁，如焖烟笋。焖与煮的相同之处都是先炒或煎，再放水煮；不同的是，煮放水多，火大，煮可以不盖锅盖，出锅时汤多，如水煮鱼。

20. 踏

踏的特点是用锅铲底部将食物压平。锅里放油加热，放入原材料煎熟，踏与煎相同之处是都要放油煎；不同之处是，踏是两面煎，两面焦黄，形状扁平，如踏鸡蛋、踏水豆腐和踏粑粑，都是扁平双面黄。

21. 醋

原材料可以生吃的成菜方法。如醋黄瓜：黄瓜削成片后，放盐或放糖，再放醋拌和均匀。放盐的叫盐醋黄瓜，放糖的叫糖醋黄瓜。"醋"字可作动词，是一种烹饪方法，相当于"凉拌"。

第三节 菜品评价标准体系

菜是用来吃的，菜也是用来看的，既好看又好吃才是好的菜品。但俗话说："萝卜白菜各有所爱。"人们往往是自己喜欢吃的菜就讲好，自己不喜欢吃的菜做得再好，都会说不好。到底有没有菜品的统一评价标准呢？餐饮界一直有菜品评价的量化标准。如酸、甜、苦、辣、咸、香、鲜，这是从菜品的味道来评价的标准体系。还有将色、香、味、形、器五个方面，作为评价菜品的标准体系，这五个方面囊括了好看又好吃的要求，比前面的评价标准进了一步。但这个标准并不全面，色、香、味、形、器都是眼观、鼻嗅、舌尝，没有包括嘴唇、牙齿、上下颚等口腔其他部位的触觉，也不包括听觉。比较全面的评菜体系是"色香味形器+口感"。但这个体系同样有缺陷，有关菜品安全的重金属指标、有关菜品卫生的菌落指标、营养价值及肠胃适应度没有被囊括进去。当然，现实生活里，也没办法将其全部囊括。因此，笔者将"色香味形器+口感"作为菜品基本评价标准体系。

一、菜品颜色

色，就是世界万物的颜色，青、黄、赤、白、黑为基本色，又叫五彩。五彩相互调和会出现别的色。通过光的作用，可折射出五光十色。五色相互调和被广泛用于各种食物，增加食物的美感度。动物类食材主要是红和白两种颜色，植物类食材各带颜色。食材做成菜后，其颜色鲜艳自然，能让人赏心悦目，勾起人的食欲。相反，颜色不好的菜会倒人胃口。好菜品的颜色有四个基本要求：一是保留本色，不轻易将食材改变成别的颜色。二是菜品要清色，有的食材加工时要固色。譬如炒空心菜，不固色的空心菜一上桌，几分钟就会变色，炒之前将空心菜入开水锅里杀青，迅速捞起放冷水里冲凉，然后再炒，成菜后短时间内不会变色。炒芥菜、甜菜也需要先焯水固色。三是清爽，主料配料要搭配得当，红配绿看不足，红配红犯糊涂。四是菜品一般不超过3种颜色。杂烩菜食材品种多，颜色杂，只能就其本色，不能再放带色的作料。

二、基本香型

自然的空气中弥漫着各种气味，人们的嗅觉器官能够感觉到它的存在。有的气味人们能适应，有的气味对人体有毒副作用。香气是人们能够适应的气味，且为人们所喜欢。香气主要来自动植物，特别是植物的根、茎、叶、花都可散发香气，尤以花香为最，百花百香。

中国较早划分的是香水和洗涤护肤品的香型，如茉莉花香水、玫瑰花花露水、郁金香护肤霜、檀香香皂等。其次是白酒香型的划分。目前，中国白酒有 7 种基本香型，分别为浓香型、清香型、酱香型、米香型、药香型、凤香型、馥郁香型。还有的酒香气特点不明显，为其他香型。酒的不同香型，不能代表酒质的优劣。不同的饮酒的人，对各种香型的酒各有所爱。

菜品的香气是评价菜品的重要指标之一。闻香而至，知味下车，说明菜香和味道对食客很有吸引力。菜香飘得很远，有时相隔 500 米都能够闻到炒菜的香气，凭香气能够判断别人家里正在做什么菜。菜的香气来自三方面，一是食材自带香气；二是烹饪过程中产生的香气；三是食材煮熟后散发出的香气。菜品的香气多种多样，各个地方因为食材不同，做菜方法不同，菜品香气有所不同。初步划分，祁东传统菜品有 22 种香型。

1. 清香型

新鲜蔬菜、水果自带香气。蔬菜、水果品种很多，香气大同小异，都归为清香型。

2. 米香型

以大米为原辅料做成的饭菜，都有米浆的香气，香米做饭香气更浓。米饭、斋汤、粥、米麸肉、米麸鸭、鱼肠米麸等，归为米香型。

3. 麦香型

以小麦、谷麦、荞麦为原料做成的饭菜，都有麦子自带的香气。如面条、麦子舀粑、桐子叶粑粑、荞麦粑粑、黄雀肉等，归为麦香型。

4. 糯香型

以糯性原料做成的饭菜，如糯米饭、糯米粑粑、糯高粱饭、糯高粱粑粑、蒸糯玉米等，归为糯香型。

5. 油香型

动物和植物油的品种很多，香气各异，有的香气很浓，如牛油、羊油、芝麻油、茶油、山苍子油等。虽然品种很多，但无论在做菜时还是成菜后，人们都能分辨出是哪种油香。我们不能将每种油香划为一种香型，只能统一归为油香型。店家可标明本店菜品是茶油还是菜油香型。

6. 芝麻香型

芝麻、花生可以用来榨油，油香浓郁，还可以做香料。芝麻、花生米焙干后，加入点心或拌入菜品中，使菜点增香。还可以碾成芝麻粉、花生粉，撒在粽子上或加入元宵中。凡芝麻、花生米香气突出的菜点，称为芝麻香型。

7. 桂花香型

肉桂树的皮可以用作调味料，是五香粉里的一种成分。桂皮还可单独使用，用于给肉类等菜品去异味。桂花树的花晒干后可炮制桂花酒，可用做烘焙加工，如桂花饼、桂花糕，还可泡茶喝。用桂皮、桂花做的菜、点、茶，归为桂花香型。

8. 茴香型

茴香也叫小茴香，有一种特殊香味，根茎叶籽都可入药。小茴香的籽是五香粉的一种成分，可单独使用。小茴香的新鲜叶可以作炒菜香料，可以添加进包子馅。这种单独使用小茴香的籽、叶做成的菜点，归为茴香型。

9. 姜香型

姜又叫生姜，是辣味重的植物，又是香气突出的植物，姜味辣口，姜香扑鼻。凡姜辣味型的菜，比如洋姜，都称为姜香型。

10. 蒜香型

蒜又叫大蒜，是一种辛辣植物，也是一种香气浓郁的植物。相近的品种有藠头、韭菜、葱、洋葱等，既是香料又是辣味料。凡称作蒜辣味型的菜，同时归为蒜香型。

11. 五香型

五香是指花椒、大茴香（八角茴香）、桂皮、丁香花蕾、小茴香籽等五种香料的总称。五种香料干制后，按比例混合在一起碾成粉，叫五香粉，是一种馥郁香。五香粉多用于卤制菜品。凡是用料较多，五香粉气味浓郁的菜，归为五香型。

12. 鲜香型

新鲜的鸡鸭鱼肉煮熟，本有的肉香鱼香叫作鲜香气味。菜品要做到鲜香，一是要现杀现做，常言道："猪吃叫，鱼吃跳。"二是注意适量放盐，不用调香调色调味料。三是现做现吃，才能感受鲜香气味。这类菜品，归为鲜香型。

13. 腊香型

腊香就是寒冬腊月加工的腊肉制品的香气。新鲜猪肉、牛羊肉、鸡鸭鱼等，经过腌制，然后烘烤脱水成腊菜。烘烤脱水的腊菜，不同于风干、烟熏的腊菜，它有特殊的香味。这种烘烤脱水的腊菜，归为腊香型。

14. 烟香型

烟香就是经过烟熏过的食材加工成菜后散发的淡淡烟子气味。烟笋是典型的烟熏食材，烟熏是为了脱水，也是为防虫。烟笋的烟子气味很浓，经过去烟处理，成菜后仍有淡淡的烟子气味，这种气味反过来成为烟香气。祁东人吃烟笋，没有这种烟香气还不习惯。另外，祁东的香干子在烘烤脱水时，要在炭火上撒一点米糠或者柑橘皮，增色和增加烟香气。有淡淡烟子气味的菜，归为烟香型。

15. 豉香型

豉香就是豆豉的香气。经过 3 次发酵后拌入了剁辣椒，并且放了米酒的黄豆豆豉有特殊的香气。将猪油或植物油入锅烧热后，下豆豉炒，豉香更浓。泥巴豆豉、霉豆腐的香气与豆豉香相近，凡用这 3 种调味料做成的菜，如豆豉蒸腊鱼、泥巴豆豉蒸肉，豉香突出，都归为豆豉香型。

16. 坛香型

蔬菜经晾晒揉搓去植物碱，腌制入坛，封坛发酵去生后开坛，香气浓郁，这种气味谓为坛香味。不入坛的干蔬菜没有坛香气。用出坛的腌豆角、酸辣椒、大头菜等做成的菜，归为坛香型。

17. 碱香型

碱香为菜品中添加食用碱所产生的气味。食用碱主要是从稻草和石灰中提取。添加食用碱的菜点，如粽子、米豆腐、石灰水蒸蛋、石灰泥鳅、馒头、包子等，归为碱香型。

18. 锅香型

爆炒菜时所产生的香气叫锅香。爆炒菜品的特点是油多火大，鸡鸭鱼肉等动物性食材的胶原蛋白，与高温的铁锅产生碰撞，所产生的香气浓郁，勾人食欲。凡爆炒菜品都可归为锅香型。

19. 煎香型

煎香就是少油慢火烹煮菜品所产生的香气。凡煎的菜品特点是两面黄，不单是煎的时候香，出锅上桌后，吃起来也香。如煎鸡蛋、煎水豆腐、煎糖油粑粑等，外焦里嫩。这些都可归为煎香型。

20. 炸香型

炸香就是菜品进烧滚的油锅中烹制所产生的香气。如油条、葱油饼、红薯饼等，归为炸香型。

21. 烤香型

烤香就是用明火烤熟食物的香气。如烤牛羊肉、烤玉米、烤糍粑等，归为烤香型。

22. 煨香型

煨是不用锅，不用明火，将食物埋入较高温度的灶灰（又叫纸焖火）中使之慢慢熟透的烹煮方法。煨还有的特点是：肉类食材如瘦肉、猪腰、叫化鸡等，都得先用荷叶包好不漏汁，外用黄草纸打湿包裹严实，叫化子鸡需外敷泥巴。鸡蛋、洋芋、红薯等可以裸煨。包裹的煨菜香气内卷，开包后香气特别浓郁。裸煨的食物焦香四溢，外带泥土香和草木香。这些都归为煨香型。

三、基本味型

餐饮界将菜品的味道归纳为酸甜苦辣咸香鲜，基本味型有 30 种之多。各大菜系基本味型也有 20 种以上。祁东人习惯将味道分为咸酸甜苦辣 5 种。这 5 种味道相互组合与食物结合，形成祁东菜的基本味型。

香不能作为味型。香是通过空气传播的，不是味道，香是一种气。香和臭是嗅觉器官感应到的东西。一个重度鼻炎、嗅觉失灵的人是感受不到菜品的香气的，但可以吃出菜品的味道，味道是靠味觉器官舌头感受到的东西。香气不能说是味道，不能列为味型。

鲜不能作为味型，鲜是食材品质好坏的一种评价。刚杀的猪，肉是新鲜的，叫鲜肉。刚网上的鱼叫鲜鱼。鲜肉和腊肉、死鱼和臭鱼的新鲜度，凭视觉和嗅觉就能判定，不用通过味觉器官的接触，所以不能叫味型。肉鲜、鱼鲜都不一样，口感也不一样，蔬菜也有新鲜与不新鲜之分，果品有鲜果和干果之分，鲜的实质是食材新鲜度高，没变质，不能作为味型。

根据传统习惯，祁东菜有 16 种基本味型。

1. 咸酸味型

咸酸咸酸，不咸就酸，这是特指坛子菜。旧时，多数人家少盐，在腌制坛子菜时放盐不多，菜会变酸，这种酸恰是人们需要的味道，有咸味有酸味，开胃解腻。如酸萝卜、酸豆角、酸刀豆等，可以单独下饭下酒，也可作相料，如酸豆角炒蛋、酸萝卜爆泥鳅等。咸酸味型是祁东菜的主打味型之一。

2. 咸辣味型

咸辣味是重口味菜，这是干重体力活的人最喜爱的味型。明代以前没有辣椒，以盐拌生姜丝、盐拌大蒜片为咸辣菜。有了辣椒后，咸辣菜以辣椒为主原料，如踏辣椒、抻辣椒、辣椒爆肉、辣椒爆蛋等。咸辣味型是祁东主打味型之一。

3. 咸甜味型

咸甜可以搭配，以咸为主的菜放少量糖可以增鲜增色，如髈肉和扣肉。以甜为主的菜放少许盐可提高甜度，因为盐可以帮助压制水味。如糖醋浆瓜、红糖糯米饭等。这种咸甜搭配的菜，归为咸甜味型。

4. 酷咸味型

酷咸味型就是咸味很重的菜。酷咸菜产生的原因：一是加工过程中形成的，腌制、腊制菜不咸就酸、不咸易坏，如霉豆腐、泥巴豆豉、鲊菜、腊肉等。二是这些菜咸味已渗透就不能退盐，退盐会失本味和鲜味。三是旧时人们的食物匮乏，为了省吃，故意在菜里多加盐，有的炒菜也是酷咸的。"菜少加盐，米少加水"，过去都是这样做的，这样的酷咸菜归为酷咸味型。

5. 酸辣味型

坛子里腌制的酸辣椒，自然酸，可直接食用，也可配其他原材料或炒或蒸。如酸辣椒爆泥鳅、酸辣椒蒸鱼。还有一种做法就是辣椒里加白醋，形成酸辣口味，如醋黄瓜，既放新鲜辣椒，又放白醋。酸辣味型是祁东主打味型之一。

6. 酸甜味型

糖能给菜提鲜，但纯甜食物吃多了腻人。因此，有些加糖菜品或甜点里放醋，酸甜搭配，开胃爽口。如糖醋黄瓜、糖醋凉粉。祁东人喜欢这种酸甜味型。

7. 微甜味型

食物放糖可以去水味，使口感更佳，但不能重糖，重糖抢本味而且腻人。如水煮北瓜、水煮元宵都是要放点糖，微甜就行。还有一种是不加糖的自然甜，如桐子叶粑粑，以小麦粉为原料，以谷芽或麦芽为曲，文火焖煮，让其自然糖化，糖度不重，甜味纯正。这些都归为微甜味型。

8. 蜜甜味型

蜜甜味型相对微甜味型而言甜味重些，主要是甜品小吃之类食物。如宴席甜品：红糖糯米饭、红糖莲子羹、红糖煮红枣、红糖桂圆蛋等。这些甜味重的甜品归为蜜甜味型。

9. 清淡味型

少油少盐，不放任何辛辣料和其他调味料的本色本味菜属清淡味型。清淡味型适合老人、小孩、产妇和病人等特殊人群，如清炖猪肚、清蒸鸡、清蒸香干、清蒸蒿笋等。

10. 清苦味型

苦味来自动植物本身。动物胆太苦，可作医用，在菜品中作为异味予以排除。苦瓜、苦菜、苦笋、苦蕨、苦百合都带苦味，做菜时有的焯水，有的不焯水，但无论焯水不焯水，炒菜时都不加别的调味品，保持其本味，成菜为清苦味型，如清炒苦菜。清苦味型菜吃起来清爽可口，吃后有清凉感，尤有清热解毒之作用。

11. 豆豉味型

黄豆在初次发酵后入坛，放盐、放酒密封再次发酵。发酵后的豆豉叫泥巴豆豉，放入发酵的剁辣椒后叫豆豉。豆豉可以做下饭菜，也是主要的调味品。祁东腊鱼必须放豆豉蒸，面条放豆豉提鲜增加口感，可增进食欲，豆豉味型也是祁东主打味型之一。

12. 熏腊味型

腊菜指腊月加工的菜，主要原料是畜禽肉和鱼肉。到了腊月，动物的肉体含水分少，肉质密实，腊月的气温低，腌制肉类不会变质。祁东腊菜的特点是明火烤，烟子

少。主要有腊鱼、腊肉、豆腐干子、豆腐丸子等，烘烤好后储存起来，要吃时再蒸。如豆豉茄子鲊蒸腊鱼、蒸腊肉和蒸米麸菜(肉)是祁东名菜，祁东人经常讲"腊肉骨头舍不得丢"，就是说腊肉的味道好。

13. 煎炸味型

煎是在锅内放少量油，将食材煎熟，煎至焦黄。炸是在锅里放足够多的油，油滚开时将食材入锅炸熟炸脆，如炸槟榔芋片、炸红薯饼等。用煎和炸两种方法做成的菜，有特有的香味和口感，归为煎炸味型。

14. 米浆味型

大米磨成粉作为配料入菜是祁东菜的一大特点。第一是蒸菜，如米麸蒸肉、米麸蒸鸭、米麸蒸鹅，都是传统名菜。成菜特点是肉鲜米麸糯香，不油腻。第二是煮菜，如螺蛳米麸、鱼肠米麸，成菜特点是螺蛳、鱼肠鲜，米麸软糯。第三是汤菜，如米汤蒸腊鱼、米汤蒸榨菜，饭开后将米汤滗入腊鱼碗和榨菜碗，入饭锅蒸。成菜特点是腊鱼肉、榨菜被米汤包住，本味浓，质地软，汤汁鲜。以大米入菜的菜品较多，归为米浆味型。

15. 姜辣味型

生姜是辛辣食物。在辣椒进入中国以前，生姜是祁东最主要的辣味食物。祁东本地生产的小黄姜个头小、姜汁黄、辣味重、姜香浓。生姜可以单独成菜，如盐醋姜丝、腌制生姜；可以作为相料，如仔姜爆鸭；可以作为香料，如烹煮鸡鸭鱼肉时，放生姜增香辣盖异味。根据不同菜品，生姜可切为片、丝、末。所有生姜味突出的菜品，都归为姜辣味型。

16. 蒜辣味型

蒜是一年生草本植物，其蒜叶、蒜薹、蒜子是蔬菜，可以单独成菜，也可作相料和香料。蒜味辛辣，俗话讲："姜辣口，蒜辣心。"蒜辣比姜辣还厉害。与蒜相近的有藠头(又叫薤)、葱、韭菜，都是一年生的草本植物，能够单独成菜，也可以作相料和香料。这几种植物的香气与蒜相近，又辣又冲，有较大的刺激性。因此，将韭菜焖豆腐、葱煎蛋、藠子爆泥鳅、蒜薹炒肉等菜品归为蒜辣味型。而且，同一道菜一般不用两种同类型的原料，放了葱，就不能放蒜，放了蒜就不能放藠头。

四、菜品形状

菜品形状就是菜品的外观，也就是菜品装盘后的样子。菜品的形状一般指主料、相料、香料切成什么图形。基本图形有棱形、方形、圆形、三角形等，同一种原料可以切成丝、片、丁、坨等多种形状。具体切成什么形状是根据成菜的要求而确定的，这是厨艺的基本功。下刀前必须考虑几个方面：一是文化性，也是当地的风俗习惯。

蒸鸡这道菜，必须有正肘（鸡腿）和翼肘，是分别给小男孩和小女孩吃的。鸡胸脯肉要求整块，最多砍成两段，这是给长辈吃的。没有肘和胸，不符合当地孝老爱幼的文化习俗，说明这道蒸鸡是做得不成功的。二是观赏性，就是菜品要有看相。好的菜品就是一件精美的工艺品，菜品上桌，使人舍不得动筷子，生怕破坏一幅好画好景，这就是切配的最高境界。三是实用性，切配要与菜品的入味、口感相适应。蒸整鱼时，鱼体厚的部位必须打花刀，既能熟得均匀，又能入味；炒响肚这道菜，肚丝必须先切薄再切细，入锅能迅速断生，否则肚丝在锅内翻炒太久，肚丝如橡皮筋，谈不上响脆。四是相料和香料的切法与主料的切法相匹配，如主料切丝，香料生姜不能切片。

五、盛菜器皿

盛菜器皿主要有盆、钵、碗、盘、碟。菜品出锅用什么器皿装也有学问。当然自己家里一日三餐可以随便，设宴待客则必须讲究。家宴和其他宴席的盛菜器皿的选择要从多方面考虑：一是美观需要；二是实用需要，量大的菜用盆，量少的用碟；三是保温需要，一热当三鲜，厚的器皿利于保温，有时还可以给器皿加外套；四是技法需要，譬如蒸米麸鸭，瓷钵蒸不如砂钵蒸，砂钵传热均匀，出锅不需换装。

六、口感

口感就是菜品入口嚼动后，除舌头外，其他部位的感觉，包括嘴唇、牙齿、上下颚的感觉，以及听觉感受。口腔对食物是很敏感的，人们经常讲"眼睛里进不得沙子"，其实，嘴巴里同样进不得沙子。嘴巴厉害，能够将各种食物的不同特点分辨得清清楚楚。

（1）脆：脆有爽脆、酥脆、嘣脆、滑脆和嫩脆之分。通过嘴嚼，耳力听觉感受到的。

（2）嫩：嫩有细嫩、鲜嫩、柔嫩、滑嫩的区别。

（3）软：软有烂软、绵软、粑软、松软之不同。

（4）糯：糯有糯性食物原本的糯，如糯米饭、糯高粱饭，捣烂后是粑糯；米麸蒸肉是软糯；熬肉、熬羊肉为肥糯；槟榔芋蒸排骨中的槟榔芋是粉糯。

（5）酥：酥是口感食物松而易碎。祁东腊鱼，蒸过两餐后就会松酥；酥焖鲫鱼，肉软骨酥为软酥；油炸泡谷、花根吃起来焦香酥脆是为焦酥。

（6）滑：滑分软滑、溜滑、柔滑、爽滑。米豆腐、红薯豆腐、氽猪血、溜猪肝、新鲜香菇木耳等，都属于滑性菜品。

（7）鲜：鲜是新鲜，刚杀的猪是鲜肉，活的鱼是鲜鱼，刚摘的菜是鲜菜。新鲜的食材做成菜有特殊的口感叫鲜。冷冻过的食材、放久了的食材做成的菜口感不一样，也

可说没有鲜味。

（8）化渣：化渣就是食物入口后没有渣滓的感觉。一是入口即化，如粑烂的红烧肉；二是嘣脆的果蔬，嚼过后没有渣，如城连圩镇的荸荠、祁东各地的浆瓜等。

（9）劲道：劲道就是食物不容易断、不容易碎，有嚼劲。比如刚出锅的红薯粉条，口感劲道。

（10）温度：温度是指食物入口的冷热程度。菜品有合适的温度才有好的口感，该冷的冷（如冻鱼和鱼冻），该热的热，该保温的要保温。

还有些口感，也是厨艺界的专业评菜术语：油而不腻、瘦而不柴、骨酥肉嫩、外酥内嫩、外焦内嫩、皮酥肉嫩等。

以上都是菜品口感的正面评价。有正面就有负面，负面评价主要有以下几种：

（1）腻口：腻口有油腻和嫩腻两种。油腻就是动物类食材的油脂没煏出来，口感油腻。嫩腻就是动物类食材软嫩溜滑，口感生厌，如泥鳅没有油煎油炸去滑，直接煮熟出锅，吃起来就是嫩腻口感。又如炒鸡肉没断生就出锅，吃起来嫩滑腻口，食者生呕。

（2）粘牙：半生不熟的米饭吃起来粘牙。

（3）塞牙：饭菜带砂，肉中有碎骨，菜里有硬物（如大蒜蒂），吃起来塞牙伤牙。

另外，麻口、涩口也是负面口感。

第四节　菜品佐料

佐料又叫作料，烹饪时用来增加食物滋味的物料，包括食物做好后或临吃时所加的调味配料。佐料的品种很多，可归结为四类。

一、添加剂

1. 食用盐

食用盐是一种重要的食品添加剂，也是最重要的调味品，有的讲"盐出五味"，有的讲"盐是百味之王"。

2. 石灰

石灰石煅烧后就得到石灰，其用途很广，工业、农业、建筑业都会用到，传统饮食中经常用石灰和石灰水作添加剂。

（1）生石灰溶于水，去浮皮，澄清后的石灰水可用来做米豆腐和蒸蛋。

（2）加工变蛋（皮蛋）时，用石灰和泥。

（3）加工竹笋时用生石灰杀青。

（4）加工牛、羊的毛肚时，用石灰水浸泡 10 分钟后，可以去黑皮。

（5）水稻中耕时撒石灰，田里泥鳅翻白，这种石灰泥鳅做成菜，是道美味。

3. 明矾

明矾是无机化合物，无色晶体，多用于制革、造纸和医药。传统的红薯粉条加工是将明矾作为凝固剂，增加红薯粉条的筋道。

4. 石膏

石膏是无机化合物，广泛用于建筑、装饰和塑造业，中药常用石膏作为解热药。石膏用于豆制品加工的历史悠久，生石膏捶成粉后调浆，加入烧开的豆浆中搅匀，使豆浆凝固成豆腐。

5. 碱

碱是无机化合物，呈白色。

（1）发面时加入食用碱，可中和发酵时产生的酸。

（2）干货涨发时，碱可作为涨发剂。

（3）清洗碗筷时，碱可作为清洁剂，去油污。

（4）生炒猪肚丝前，将猪肚丝入碱水里浸泡 10 分钟，漂洗干净，成菜后的猪肚丝特别脆。

二、调味料

1. 豆豉

黄豆、黑豆、蚕豆、小麦为原料都可做成豆豉，祁东豆豉主要以黄豆豉为主，拌了辣椒才叫豆豉，没拌辣椒的豆豉叫泥巴豆豉，荤、素菜都可放豆豉调味。

2. 霉豆腐

霉豆腐又叫腐乳豆腐。霉豆腐能够给菜品提鲜和去异味，多用于煮鱼和烹制肉类。

3. 酸菜及酸水

在炒鸡杂、鸭杂和猪心肺膁子时，可加入酸豆角、酸辣椒，成菜特点为酸辣鲜香无异味。

4. 糖

糖包括白糖、红糖、冰糖、饴糖和蜂蜜。

（1）糖能给肉类菜品提鲜上色。

（2）糖可用于制作甜品。

（3）饮料中加糖能使口感更好。

（4）米酒放蜜，搅匀加热后，不能喝酒的人也能喝一点，能喝酒的人不醉不甘。

5. 醋

醋包括陈醋和白醋。可制作咸酸、酸甜和酸辣菜品，凉拌菜放醋可杀菌。

6. 酒

酒分为米酒和糯米甜酒。做荤菜时放酒可去异味，豆豉坛里放酒，可增香杀菌。

三、相料

相料就是配料，一般以荤菜为主料时才有相料。相料是新鲜蔬菜，也可以是腌制的蔬菜。相料的作用：一是荤素搭配，酸碱平衡；二是荤素相互透味，降油解腻；三是主料不够时，相料可凑多。

相料与主料区分的原则：

（1）相料是素菜。如辣椒炒肉，辣椒是相料。

（2）成菜后的菜名相料在前，主料在后，如萝卜丝煮鱼，萝卜丝为相料；

（3）两种以上荤菜做成一道菜时，没有相料与主料之分。如：腊味合蒸。腊鸡、腊鱼、腊肉三种原料没有主料和相料之分。又如：猪肚炖墨鱼，也可叫墨鱼炖猪肚，没有相料与主料之分。

（4）蔬菜与蔬菜搭配成菜，没有相料与主料之分。如：辣椒炒茄子，也可以叫茄子炒辣椒。

四、香料

香料就是自带香气，且具有辛辣味的植物。祁东本地香料主要有6种。

1. 葱

葱分木葱和香葱。木葱为一年生植物，葱秆粗，葱子像蒜瓣；香葱为四季葱，葱秆细，比木葱香。

2. 姜

祁东姜为小黄姜，特点是皮薄少筋、香脆，姜黄浓。荤菜放生姜去异味，增加辛辣味。

3. 蒜

蒜又叫大蒜，一年生作物。每年八月下种，次年四月抽蒜薹结子，大蒜、蒜薹、蒜子都可作香料，蒜薹还可作相料，如蒜薹炒肉。

4. 藠子

藠子为一年生作物，每年七月下种，次年四月过季，结藠子。藠子叶和藠子都是香料，辛辣味较浓。藠子还可作相料，如藠子炒牛肉、藠子焖蛋都是较好的搭配。

5. 韭菜

韭菜为多年生植物，香味浓郁。叶和韭菜花（茎）可作香料，韭菜配豆腐"一清二白"是绝配。韭菜又可作相料，如韭黄肉丝。

6. 茴香

特指小茴香，一年生作物，可作香料，新鲜茎叶还可作包子和饺子馅。

在6种香料中，除生姜外，都是相同或相近香型，每道菜只可放一种，不能放两种以上。祁东也有外地香料，外地香料有大茴香（八角）、桂皮、胡椒等。

第五节　异味的产生及去除

异味是人们在食用食物时所不能接受的食物气味。异味产生的原因是多方面的：有动植物自身固有的，有加工过程中产生的，有保存期间产生的，还有烹制过程中产生的。有的气味还会残留在碗筷餐具上。这些异味，虽不致病致命，但会影响人的食欲，甚至反胃恶心。不过，经过处理，大部分异味是能够去除的。

一、血腥味

动物的血都有腥味。屠宰时，应注意将血放尽。减少肉中血的残留。烹调时，多数新鲜动物肉都应汩水，去掉浮沫，血腥味主要在浮沫中。装鸡血鸭血的碗，用灶腔的纸焖火灰擦拭可去腥。没有纸焖火灰，用牙膏擦拭也可去血腥味。

二、毛腥味

动物身体表皮都有一股腥味，通常叫毛腥味。四脚动物是圆毛畜牲，用刨的方法连根去毛，没刨干净的用烙铁烙，再用刀刨去毛根。两脚动物是扁毛禽类，去毛时用开水烫，然后拔除。鸽子毛可生拔，不用开水烫。鸡的粗毛拔净后，还有一种难以看见的细毛，需要用火烧，再揉搓干净，才能去毛腥味。所以，动物毛腥味的去除要根据动物的种类和品种。有的还要根据季节，采取不同的加工方法。在烹调过程中也可以用香料掩盖毛腥味。

三、鱼腥味

任何鱼类，都有一种天然的腥味，腥味不除，鱼不好吃。所以剖鱼时，腔内黑色的东西要刮干净，因为黑色的东西最腥，同时去掉所有的鱼鳍，去掉鱼鳞后，用刀刮去鱼身上的滑腻物，会减少鱼腥味。蒸煮鱼时，重油重盐或叫油盐恰到好处，会减少

鱼腥味，放姜蒜可遮盖鱼腥味。煮鱼时不能放开水煮，煮开后不能再放冷水，否则会加重鱼腥味。

四、蛋腥味

蒸蛋使用石灰水蒸，踏蛋时放韭菜，焖蛋时放葱花，都可盖住蛋腥味。蒸蛋的碗，或吃蒸蛋时用过的饭碗，喝过水的水杯都有蛋腥味残留，一般很难洗掉，传统习惯是用纸焖火灰擦拭，现在一般用牙膏擦拭。

五、鸭臊味

鸭臊味是鸭的尾巴翘翘产生的。尾巴翘翘两边各有一个像淋巴结一样的东西，将其切除，臊味可以去除。

六、羊膻味

羊膻味是羊肉本身固有气味，是一种不被人所接受的异味。去除羊膻味的方法是：羊肉表皮刨洗干净，汩水去浮沫，汩水后的羊肉不下冷水，直接下锅炒或入沸水炖，烹调时放香料和酒调和，多管齐下方可基本去膻味。

七、臭味

人们能接受的臭味不是异味，如臭鳜鱼、臭豆腐、臭腐乳和猪大肠的臭味等。其他臭味均视为食物变质后的臭，如肉臭、鸡肉臭、鸡蛋臭等，是人们不能接受的臭味，是一种异味，变质的食物不能食用。

八、苦胆味

动物的胆汁苦味是一种不被接受的异味。在宰杀动物过程中千万不能弄破胆，万一不小心弄破胆，胆汁沾染在动物肉体上，颜色会变黄，应立即清洗，清洗后还是黄色的，应将黄色的部分切除掉。

九、焦苦味

油炸的东西，不管是动物还是植物的原材料在高油温的煎炸下，由焦变煳，味道变苦。不仅油炸，其他烹饪方法，因火候过头，都会使食物烧煳变黑变苦。烧煳的食物都是不能食用的。因此要特别注意掌握火候。

十、煳臭味

糊臭味是食物烧煳炭化后产生的一种异味。常见的是煮米饭，米饭因烧煳，底下的饭是黑锅巴，上面的饭变成黄颜色，煳臭味很重。其处理办法：一是将新鲜葱剪掉葱尖，插入饭的气孔中，盖上锅盖，让葱吸收煳味，黑锅巴不能吃，去煳味后的饭可以吃。二是将饭盛出(黑锅巴不要)，用清水淘洗，去除煳臭味后的饭或煎或炒都可以。

十一、涩味

由于植物本身的鞣酸、草酸等含量高，一些植物性食材带有天然的涩味，让人不能接受。典型的是柿子，涩口涩牙涩舌头。处理办法是柿子摘下后，将一根小芝麻秆插进柿子中，然后柿子入坛封闭，待柿子变软糖化后，涩味即去除。又如栗子豆腐，刚出锅时很涩口，用宽水浸泡，又叫泷(shuāng)水，一天两次换水，连续三天以上涩味即去除。还有菠菜，先焯水再炒，或下火锅均可去掉部分涩味。

十二、漫痂味

动物被宰杀刨毛后，皮上有一层附着物，气味很重，这种气味令人作呕，祁东当地俗称为漫痂味。家畜宰杀刨毛后，一是用烧红的烙铁烙，二是将动物的皮放火上烧，再刮净沮水。家禽宰杀煺毛后，应将其身上的附着物搓洗干净。如鸡身上的黄色东西必须清理干净。

十三、泥巴味

由于水体有污染，在这种污染环境下生长的鱼类有一股泥巴味。去除方法是将鱼的表面用干净水反复冲洗，去鳞、鳍、鳃，蒸煮时放霉豆腐盐水、生姜和蒜；或者将鱼加工成腊鱼。

十四、煤油味

由于水体污染，所生长的鱼可能带有一种煤油味。这种煤油味是人们很排斥的，加工过程中必须清洗干净，同时这种鱼不宜吃新鲜的，只能制作成腊鱼或干鱼，在晾晒和熏烤过程中去除煤油味。

十五、霉味

霉味是因为食物的发酵或者受潮变质所产生的气味。各种食物霉中，白霉是有益霉，如霉豆腐，其他颜色的霉，如红霉、绿霉、黄霉、黑霉都是有害霉，所以大部分

有霉味的食物只能舍弃。

十六、沤味

沤味又叫沤火气味，是食物因欠通风快要变质而未变质时的一种气味。如未冷却的猪肉、鸭肉、鸡肉，如果马上装进塑料袋，不到两个小时就会出现沤味。去除沤味的办法是整水，烹煮时放酒放香料。植物干菜也会出现沤味，如干大豆菜、干芥菜等，未晒干就用塑料袋兜起来，过几天就出现沤味。去除办法是先淘洗，再晒干；或先晒干，再淘洗干净。

十七、哈味

哈味就是哈喉气味。油质食品如猪油、腊肉、腊鱼、腊鸡及油炸食品，放的时间一长，就会出现哈味。避免产生哈味的办法：①隔一段时间回锅再加热一次；②将腊制品和油炸食品放入石灰坛子；③将腊肉、腊鸡、腊鱼等进行冷冻保存。因此食物不宜放得时间太久，尽量吃新鲜的。

十八、偷油婆味

偷油婆是常见于厨房和食品作坊的一种虫子，昼伏夜出，喜爬油性食物和有油腥味的餐具。爬过以后留下一种难闻的特殊气味，叫偷油婆味。去除方法：一是避免，过去是将食物放在偷油婆钻不进的地方，现在是将食物放冰箱，餐具进消毒柜。二是清洗，对被爬过的原材料和餐具炊具进行清洗消毒。三是舍弃，被偷油婆爬过的食物只能舍弃。当然，最好对偷油婆进行全面消杀。

十九、砧板屎味

木制砧板是每天都要使用的，不管是生的、熟的、荤的、素的、咸的、酸的菜都要在砧板上切，各种味道慢慢渗入砧板里，别看抹得干净，但一遇热，砧板的特殊气味就会散发出来，俗称砧板屎味，令人作呕。去除方法：不能在砧板上切未经冷却的食物原料，刚出锅的汩水肉、红烧肉坯子不能放在砧板上冷却。尤其荷折皮出锅后不能放砧板上冷却。荷折皮面积大，基本将砧板全覆盖，加热后的砧板释放的气味全被荷折皮吸收，做成菜后砧板屎味会很浓。每次用过砧板后，应将其洗刮干净，用干净抹布抹干水，让其侧立保持干燥。

二十、锅锈味

锅锈味是食物存放在铁锅里，铁锅生锈所产生的味道。锅锈不仅是一种异味，而且人吸收铁锈多了对身体有害。铁锅接触盐和水很容易生锈，不锈钢的器皿长期接触盐也会生锈。因此，铁锅不能存放食物，不锈钢器皿中也不能长期存放含盐食物。

二十一、太阳味

太阳味就是食物原料在太阳光的照射下，因氧化而产生的一种气味，这种气味往往使人闻起来不舒服，也是一种异味。比如白辣椒，在太阳下晒干后，太阳味很浓，即使是油炸过的白辣椒，太阳味仍然很浓。最好的办法是：将晒干的白辣椒漂洗几次，沥干水，再放在阴凉处晾干。晾干后的白辣椒油炸或入坛就会减少太阳味。做榨菜必须是先晒干，揉搓后洗净再晾干，避免阳光照射然后入坛。有的菜不能入坛，如黄花菜是太阳晒干的，烹调前必须先用水泡，去除太阳味。

二十二、现风味

现风味是由于腌菜坛子的坛沿水干了，坛子进了空气，或是从坛子里抓出来的菜摆放时间长了，菜的表面起白色物质，所形成的一种特殊气味。吃起来没有坛子香味，且不脆，俗称现风味。避免产生这种气味的方法较简单，一是坛子要釉色好、无沙眼、不漏气；二是坛沿要及时施水，或是用菜油、茶油等封坛；三是从坛子里抓出来的菜要立马加工炒熟固味。

二十三、馊味

剩菜剩饭或食材变质后会发出一股酸臭味。现在这种馊了的东西没人吃了。过去，食物严重缺乏，对有馊味的饭菜舍不得丢掉，而是回锅烧开，加大蒜、生姜等香料，烹而食之，对带有馊味的水豆腐、油豆腐等食材，也是焯水后，烹而食之。现在经济条件好了，一是食物有冷藏条件不会馊，二是馊了的食物一律不食用。

二十四、潲水味

潲水味，就是淘米水、淘饭水、洗锅水和洗碗水剩下的残渣倒在桶子里，所形成的酸臭为主的复合味。潲水主要是用来煮潲喂猪，但潲水还可以用来洗碗筷去油，浸泡刀具防锈和浸泡烟笋去污。用潲水浸泡过的碗筷、刀具、烟笋如果漂洗不到位，就会残留潲水味。

二十五、烟蔸火味

大柴和树蔸未焚烧完，还在冒黑烟时就将鱼、肉或者干菜放上面烤，黑烟熏烤出来的东西有一股带刺激性的烟熏味，就叫烟蔸火味。这种气味入里，很难清洗掉，因

此最好是让柴蔸子全部烧完后，用明火烘烤鱼、肉等。

二十六、麻口味

槟榔芋是最具代表性的麻口食物。削、切槟榔芋时麻手，被麻的手再去摸鼻子则麻鼻子，摸到眼睛麻眼睛。煮槟榔芋时盖锅盖，没煮熟时揭了锅盖，这样半生不熟的槟榔芋会麻口。避麻方法是：削切槟榔芋时戴塑料手套，蒸煮时一次性煮熟，不熟不揭锅盖。槟榔芋梗同样麻手麻口，也要一次性煮熟。

二十七、腐烂味

食材在加工保管过程中因为变质，失去其本身的硬度，如海带腐烂了，用手一扯就会烂掉，吃起来没嚼劲；干笋子腐烂了也一样，切起来不受刀，洗起来成碎末，吃起来有泥感。腐烂了的食物唯有丢弃。

二十八、生味

入坛的菜未经完全发酵，没有完全变色，就捡出来，这样的菜就有一股生味，或者叫辣味，如大头菜的蔸子，没断生时气味很浓，很辣。入坛的菜只有到完全发酵时开坛才会无生味。一般坛子菜的发酵时间最短21天，环境湿度决定发酵期长短。

二十九、水味

水味俗称淡水味、寡水味。焯水后的青菜、发好的干笋子等，下锅后含水太多，入味不够，吃起来有水味；糯米做的无馅元宵，出锅后不加糖，吃起来有水味。水味与其他异味不同，不是完全不能接受的一种味道。但水味不是正味，故列入异味。水味加盐、加糖、加酸辣都可以掩盖。

三十、咸苦味

咸苦味就是菜品放盐太多，咸得发苦，是一种不能接受的异味。解决办法多种多样。①腊菜太咸可以沮水去盐；②腌制的菜太咸可以用淡盐水泡，盐解盐，将菜中的盐引出来；③炖菜、煨菜太咸，可以加水再煮开或用无盐汤冲淡；④主料已定型且太咸，相料、调料、香料可不再放盐，与主料混合炒降低咸度；⑤炒菜盐重，可以放味精减轻咸苦味。

第六节 灶屋及器具

灶屋就是厨房，房屋就是卧室，祁东人至今沿用这种说法。灶屋有多个档次，是根据家庭的经济实力而确定的。大户人家的灶屋是正屋，空间大，且灶屋与饭厅是分开的；殷实人家的灶屋虽是正屋，但与饭厅是在一起的；一般人家的灶屋不是正屋，是搭在正房边上的码面屋，灶屋与饭厅在一起；贫困人家没有专门的灶屋，灶屋与房屋在一起，叫半边火炉半边床，吃住都在一间房。

一、灶

祁东人历来对灶是很讲究的。砌灶的日期要选黄道吉日，绝对回避"月黑日"初五、十三、二十四，灶的朝向遵循"坐东朝西煮东煮西，坐南朝北有都冇得"，忌讳坐南朝北。砌灶的材料是土砖和青砖，必须是新砖，不能用旧砖。灶除了功能和式样好，还要求灶体表面光滑，有的加上红色，有的周围画上图腾。砌灶的师傅一定是当地泥水功夫最好的，主人尽心招待，除了工资还给挂红（红包），生怕师傅不满意而弄术。砌灶开始和落成都有一个简单仪式，放鞭炮和烧纸。当然穷人家砌灶就简单得多。

灶有三种类型。第一种类型是三口灶连体形，即包括荷叶锅灶（大锅灶）、山锅灶（中锅灶）、煮菜锅灶（小锅灶），并带鼎锅灶。第二种类型是没有荷叶锅灶。第三种类型是没有荷叶锅灶和山锅灶，只有煮菜锅灶带鼎锅灶，又叫半边灶。

▲ 三口连体灶

▲ 两口连体灶

二、灶具

灶具包括以下几种。

（1）口水夹。煮菜锅灶内安装有一铁板环，靠灶门方有缺口，环上安有三个铁挂；用来放鼎锅，俗称口水夹。

（2）铁夹。又叫火钳，用来往灶里添柴火等。

（3）火叉。长约 0.5 米，有一木把长约 0.7 米，用来往山锅灶和荷叶锅灶添柴火。

（4）吹火筒。直径 5 厘米左右，长约 0.7 米的竹筒，中间竹节打通，头口大，另一头一个小孔，用来吹火。

（5）香匙。铁铲子，安有短木把，用来撮灶灰等。

（6）斧头。用来劈柴。

（7）柴刀。用来砍柴。

▲ 灶具

三、炊具

炊具包括以下几种。

（1）荷叶锅。无耳铁锅，口径 1.2 米，有木质拱锅盖，用来煮大锅饭、酒饭，熬酒做豆腐。

（2）天锅。无耳铁锅，口径 1 米，无锅盖，用来熬酒。

（3）山锅。双耳对称的铁锅，口径 0.8 米，有木质拱锅盖，适合大家庭煮饭、煮面条等。

▲ 荷叶锅

▲ 山锅

（4）煮菜锅。双耳对称的铁锅，口径 0.6 米，有木质拱锅盖，也有平锅盖。

（5）窝铲匙。铁制，三方卷边，有木把，用来炒菜和盛汤。

（6）平铲匙。铲面与铲把连体，用来踏蛋、踏豆腐及翻边。

（7）鼎锅。形状为圆锥体，配以铁盖，有长的铁丝提手。鼎锅有大小不同的规格，可用来烧水、蒸菜、炖菜，甚至煮饭。

（8）油盐罐。有单罐和双罐，均为陶器罐。单罐和双罐都有把手或提手。

▲ 鼎锅

▲ 油罐

▲ 油盐罐

四、餐具

餐具就是用餐的工具，包括装饭菜、夹饭菜的工具以及酒具和茶具。餐具随着社会生产力的发展而产生，随着人们生活水平的提高和生活习惯的改变而发展变化。原始社会无所谓餐具，两只手就是餐具。进入文明社会后逐步出现和使用餐具。到如今，餐具的品种多，花色新，多得难以统计。这里只归纳祁东的一些传统的常用的餐具。

（一）碗

碗是盛饭菜的工具。

1. 按功能分

（1）海碗。海碗是最大的碗，多用来盛量大的饭菜。若有人能吃完一海碗的饭菜，人们就说此人"肚包海"。

（2）品碗。比海碗稍小的碗。所谓品碗，一是指碗的品质好，上了釉，表面光亮无

瑕疵；二是摆酒席时用品碗装菜上档次。因为用中碗和小碗装菜显得小气，用海碗时大碗少盛也是小气，用品碗装菜正好，因此品碗又叫出菜碗。

（3）架子碗。架子碗是比品碗小的碗，一般用于家庭用餐和家宴盛菜，又叫菜碗。食量大的人，都用菜碗装饭。

（4）饭碗。饭碗就是小碗，比架子碗小的碗，能装半斤酒水，可以用来盛酒，代替酒盅。

▲ 海碗、品碗

▲ 菜碗

▲ 饭碗

▲ 木漆碗

2. 按材质分

碗按材质可分为金碗、银碗、铜碗、锡碗、陶碗、瓷碗、竹碗和木碗。金属碗代表家庭富有，身份尊贵，一般家庭不用。一般家庭用的是陶碗和瓷碗。用木头和楠竹蔸做成的木碗和竹碗，是专给年幼孩子用的，万一摔地上也摔不坏。

3. 按花色分

碗按花色可分为素碗、花碗、线边碗和线口碗。

4. 按质量分

碗按质量可分为老火碗和嫩火碗。老火碗敲的声音清脆，嫩火碗敲的声音沉闷，老火碗经久耐用。还可分为正品碗和次品碗，次品碗中碗身釉面留白的叫疤子碗；碗身有瑕疵、不光滑的叫麻子碗；碗口不圆或碗身不正的叫月月碗。

（二）筷子

筷子是夹饭菜的棍子，又叫箸。吃饭开始叫动筷子，又叫启箸。筷与箸都是竹字头，按汉字偏旁部首成字规则，筷子就是竹子做的。为什么叫筷子？上了年纪的农村人都体验过，到山上做事或者到冲里弄柴，因往返路远，带上荷叶包的饭菜，不带筷子。到中午饭点时，随手折断一根小竹子，取两截做筷子，竹子光滑干净，又快又好。筷子的叫法可能正来源于此。后来发展用金银铜锡做筷子，这些金属筷子只是尊贵身份的象征而已，实用价值不大。金属筷子做得小，拿起来不上手，粗的金属筷拿起来笨重。而且金属筷子光滑，夹菜不稳当，夹汤面汤粉时根本夹不起。一般家庭用不起或根本不用金属筷子。

祁东的筷子一般用楠竹做成，楠竹的厚度合适，刮削成筷方便。祁东人习惯将做好的竹筷染成红色，以示喜庆。筷子的长度一般为 7 寸 6 分（约 25 厘米）长，含义是人有七情六欲。筷子的大头为方，小头为圆。筷子用过后洗净放在筷子筒里，圆头在上，方头在下，象征天圆地方。筷子是将饭菜送入人嘴的工具，其实筷子还兼具其他多种功能。譬如：隔水蒸食物，用筷子做架空物；翻猪小肠和鱼肠都是用筷子做挺杖；做斋汤和鱼肠米麸菜时，都是用筷子做搅拌棍；新鲜茄子辣椒蒸熟后，一般用一把筷子将其抽成泥；饭开时，少不了用筷子插饭，使饭容易熟透；等等。还有一些特殊筷子，譬如摆酒时煮大锅饭和发大锅面时，插饭和夹面所用筷子是芸竹做的，这种竹实心节长，做成的无节筷子长度在 0.5 米以上，粗细可选，不用刮削。

（三）调羹

调羹就是羹匙，舀液体物的勺子，一般为瓷器，有的有蓝边，有的匙中有兰花图案，匙柄靠近顶端或有串挂的绳眼。摆酒时调羹可代替筷子架；可以舀汤汁；可以存放一块菜或一箸菜，代替个人的菜碗。调羹可以用来舀油、放盐、放糖，多数人家的油盐糖罐里都放有调羹。调羹还可以用来掭麦子和糯（粘）米粑粑，喝粉剂中药时，用来调温和搅拌。旧时没有油灯时，在调羹里放上植物油，摆放灯芯就成了油灯。有的人用调羹加鸡蛋清刮痧。生活中调羹的作用远远超过其本来的用途。

（四）酒盅

酒盅就是喝酒用的小杯子，又叫盏。古代宫廷和达官贵人用的酒盅都是用金银铜锡制作的，高足，三足鼎立，盛酒部分犹如一条小船。这种酒盅在祁东少见。祁东的酒盅为陶器或瓷器，盅小，盛酒不超过 1 两，习惯叫"牛眼睛"盅子。但祁东人一般不用这种酒盅，因为用酒盅喝酒显得主人小气，一盅还不够喝一口，懒得斟酒。所以，

摆酒时一般不用酒盅，而是用饭碗盛酒。

（五）茶杯

茶杯就是用来盛茶水的器具，材质有陶器和瓷器；有带盖带底座、形状如碗的茶杯，也有无盖的圆形的杯子。旧时的祁东，摆酒待客很少上茶饮，桌上不摆茶杯。如要喝水，自行取碗或瓜箪到水缸舀水喝。

▲ 茶杯

旧时，乡里摆酒的餐具和用具都是互借的，为防送还时弄错，各家的碗、调羹、杯子等瓷器都錾一个名字。桌椅板凳底下也会做记号。

▲ 茶壶

▲ 茶壶

▲ 茶壶

五、刀具

刀具有屠刀、砍刀和切菜刀。屠刀是长条形，有尖峰，砍刀和切菜刀是长方形，都带有刀把，过去都是铁刀，刀刃处安一条形钢片，经锤炼打磨出锋刃。

烹饪刀具是家庭和厨艺人非常重视的，好比战士对待自己的枪，精心保管和使用。厨艺人具有识刀、用刀、养刀的方法。

（1）选刀。选刀时看刀的形状、厚薄、重量，刀面的平整度，刀把是否牢实，拿在手里是否合手。

（2）磨刀。磨刀要带水，先用粗砂磨刀石，再用细砂磨刀石。屠刀和砍刀刀面厚，宜斜磨，有的还得用抢子；切菜刀薄，宜平磨。判定刀刃锋利程度，不宜用拇指探，只要对着刀刃看，全都为青色即可，如有白色处，则该处需再磨。

（3）用刀。砍刀、切菜刀不能混淆，用砍刀切菜切不动，用切菜刀砍骨头，刀会缺口。

（4）养刀。刀不宜放在灶上。传统说法是刀放灶上是对灶神的不敬，其实是灶上有火温度高，容易使刀锋钝化，或者烤焦刀把。切菜刀不宜放开水里，易使刀刃失利；刀体不宜有盐，刀沾盐容易生锈；刀用过后应立即清洗抹干，放干燥处，也可以用油纸包起来防锈。

▲ 砍刀

▲ 切菜刀

六、砧板

砧板是切菜时垫在下面的木板，又叫俎。刀俎就是刀和砧板的合称。

好的砧板不是复合板材，而是圆木截下的一段，复合板材作砧板容易起木屑，这样的砧板使用寿命不长。砧板的木质为中等硬度为好，太松的木质不经用，太硬的木质伤刀。祁东人习惯用硬度中等的樟木，有樟木香、不起虫、不变形。

若是新砧板，未去树皮的放水里浸泡一个月左右，捞出后阴干；去了树皮的砧板最好加一道铁箍，防止开裂。

砧板需水又怕水，三伏天里隔一两天不用就会开裂，最好放水里全泡着；在潮湿天气里，用后的砧板应洗净立起来沥水，以防腐。

七、度量衡器

度量衡的发明和使用，在我国有着悠久的历史。度主要用于建筑制造、机械作业，也与饮食有关，如葱切寸段，扣肉切成长3寸、宽1寸、厚3分。虽用到尺度，但只是大概尺寸，没用尺去比照。量具和衡器是与饮食共生的，专门测试食物的多少和重量，家庭必备。

1. 量具

（1）斗。木质圆桶，上口径小，4斗为一石，1斗为25斤。

（2）斗谷撮箕。用竹篾织成，1撮箕相当1斗的容量。

（3）米撮箕。用竹篾织成，2米撮箕相当于1斗。

（4）升子。木制或竹制的带底圆筒，1筒米2斤，也叫升米筒管。

（5）半升筒。木制或竹制带底圆筒，1 筒米 1 斤，也叫碗米筒管。

（6）酒壶。有锡、铜、银制壶，也有瓷壶和陶壶（瓦壶）。小壶装 1 斤，大壶装 3 斤半，又称酒量子。

▲ 升子、半升筒、碗米筒

▲ 酒壶

▲ 酒壶

▲ 酒壶

（7）酒提子。有底圆筒加根杆组成酒提子，有竹木制的，也有金属做的，容量一般有 1 两、2 两、半斤和 1 斤规格。

（8）油提子。跟酒提子一样的质地和规格。

除以上几种，还有很多东西可以充当量具，如酒杯、水杯、酒盅、调羹等。

2. 衡器

衡器就是称重量的秤，传统的有天平、杆秤，现代有磅秤、地磅和电子秤等。

（1）天平。一头放砝码，另一头放实物。当两头平衡时，砝码的读数相加就是实物的重量。

（2）戥子。很小的秤，两个星面，盛物体的部分是一个盘，最大计量单位是两，小到分或厘，一般用来称药材和贵重物品。

（3）手秤。杆秤的一种，为两面称，最大量程为30斤，一般人都能提起这个重量，因此叫手秤，最小计量单位为两。

（4）盘秤。盘秤是杆秤的一种，实物放盘里称重，故叫盘秤。盘秤为双面秤，最大量程为10斤，大面秤定盘星为1斤，小面秤定盘星为1钱。

▲ 盘秤

▲ 磅秤

（5）大秤。大秤就是需要两个人抬的秤，最大量程达300斤，最小计量单位为斤。大秤为双面秤。

关于秤的小知识还有以下几方面：

（1）秤的单位及换算。一斤等于多少？古代的1斤为19两3钱，近代改为16两，故有半斤八两一说。直到20世纪60年代初，1斤等于16两改为1斤等于10两，1两等于10钱，并与公制挂钩。1斤等于500克，1两等于50克。原有16两的秤，有的报废，有的变换星子，统一用砝码校对，改为1斤等于10两的秤。

（2）地盘星和秤砣。杆秤有大面和小面，大面有大面的地盘星和毫索，大面地盘星可以是10斤、5斤；小面有小面的地盘星和毫索。杆秤只有一个秤砣，秤砣换了，称重就不准了。检验杆秤准不准，就用秤砣试地盘星，秤砣毫索压在地盘星上，秤是平的，说明秤是准的。

（3）秤的刀片。秤杆灵不灵关键在刀片。称秤时秤杆是平的，再多加点实物，秤杆尾巴不翘，拿出点实物，秤尾巴不往下掉，说明这秤杆不灵，一定是刀片槽沾有污垢，应该清洗。

（4）平秤、旺秤和流秤。平秤，就是秤杆在一条水平线上。旺秤又叫红秤，就是秤杆翘尾巴，大秤可以翘1斤。流秤又叫砸脚趾头的秤，就是秤杆不平，秤砣往下滑，

说明食物重量不够。

八、其他用具

（1）水缸。一般可盛 2 担水，配有木盖子，有的配缸架子，可当饭桌用，三面坐人。

▲ 水缸

▲ 水缸架

（2）水桶。杉木材质，每只可盛 60 斤水，供挑水用，配挑水扁担，扁担两头有绳子和钩子。

（3）提桶。杉木材质，有圆提手，可盛 25～30 斤水，供提水用。厨房离水井近的话，一般用提桶。

（4）潲水桶。杉木材质，无提手，一般是断了提手的水桶和提桶。

（5）碗盏柜。木制多功能用具，最底层是敞开式的架子，可放锅、篮；二层也是台面层，当案板用，三面有围挡；三层以上的部分分左右两边，左边是有隔栅式活动门的碗柜和双开柜门，放油盐和别的食物，右边是一个屉柜和单开门柜。

（6）把盆。就是有把手或是有提环的圆形木盆，用来淘米和洗碗。

（7）炊架脚。3 只或 4 只脚的木架子，高 0.8 米，用途是放锅。

（8）筷子筒。陶瓷圆筒，底有小洞，三分之二高度处有一耳朵，可用绳子拴住挂在碗盏柜上。

（9）瓜罩。水瓜、葫芦瓜老熟后，切掉靠蒂把一截，去净里面的籽和瓤，用作舀水的工具，叫瓜罩。后来用楠竹筒代替，竹筒外侧锯一凹槽，安上一个竹把或木把，就是竹制瓜罩。也有用木材做的瓜罩。

（10）瓢。葫芦瓜成熟后一分为二，去掉籽和瓤，可用来舀水。也有用木制的，用来掭稀软的食物或水。

▲ 水桶

▲ 碗盏柜

▲ 竹瓜篼

▲ 把盆

▲ 炊架脚

▲ 筷子筒

▲ 竹皮篓

▲ 竹篮子

▲ 米撮箕

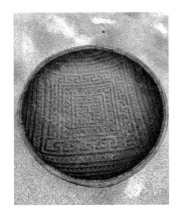

▲ 竹抟箱

▲ 捉鱼篓

▲ 胡椒擂子

▲ 双耳酒坛

▲ 木饭匙

▲ 斋合模

第三章

传统菜品

第一节 家常菜制作

一、杂烩

杂烩就是宴席的第一道菜，与"头碗""全家福"相当。

主料：瘦肉 200 克，香干 150 克，水发木耳 100 克，水发黄花菜 100 克，鸡蛋 2 个，槟榔芋 200 克，水发烟笋 150 克，鸡胸脯肉 150 克，水发海参 150 克。

相料：红椒 20 克，生姜 10 克。

调料：猪油 50 克，茶油 75 克，骨头汤 300 克，盐 15 克。

▲ 杂烩

制作：

(1) 瘦肉切片，香干切片，黄花菜切段，烟笋切片，鸡胸脯肉切丝，海参切片，分别入锅翻炒入味，出锅备用。

(2) 木耳洗净焯水备用。

(3) 槟榔芋去皮切片晾干，入油锅炸脆沥油备用。

(4) 鸡蛋磕入碗搅散，放盐 1 克，入锅摊成蛋皮，放凉后切成小块。

(5) 红椒去蒂去籽切成菱形片，生姜去皮切丝。

(6) 油入锅烧热，入骨头汤、盐、生姜。

(7) 各种主料(除槟榔芋片)入锅翻炒，焖 3 分钟，槟榔芋片入锅炒均匀带汤汁出锅。

关键技术：香干不能炒碎，烟笋炒干去水味，炸脆的槟榔芋片入锅早了会软而不脆。

菜品特点：荤素搭配，鲜香爽口。

二、熬坨子肉

主料：猪肉 1000 克。

调料：豆豉 20 克，米酒 30 克。

香料：大蒜子 4 粒，生姜 10 克。

制作：

（1）猪肉烙皮，肉皮刨洗干净，入锅汩水。

（2）猪肉完全断生，无血水渗出时捞出，放入盘子晾凉。

（3）将晾凉的猪肉滚刀切成坨子，长不过 4 厘米，宽不过 2.5 厘米。

（4）大蒜子拍碎剁成泥，生姜去皮切成末。

（5）将坨子肉入冷锅，起火后翻炒，待肥坨子肉大出油时放入瘦坨子肉翻炒，放盐、豆豉、米酒翻炒。

（6）刮尽原汤的浮沫，纱布过滤去渣，将原汤入锅旺火煮。

（7）待有少量汤汁时，放大蒜、豆豉、生姜，翻炒均匀，装碗出锅。

关键技术：肥坨子要炒出油，否则腻口，要放盐炒入味。

菜品特点：原汁原味，肥而不腻。

三、蒸髈肉

主料：猪髈肉（俗称猪裤筒肉）1750 克，或用带皮五花肉。

相料：菜油 1500 克（不耗油，反而增加油），甜酒汁 100 克，红糖 20 克。

调料：盐 15 克，豆豉 20 克。

香料：生姜 10 克，香葱 10 克。

制作：

▲ 蒸髈肉

（1）髈肉烙皮，刮洗干净，入锅煮至熟透。

（2）熟透的髈肉出锅后，趁热反复涂抹甜酒汁和红糖，并用牙签在肉皮上插小孔，使酒汁和糖入里。

（3）抹上汁和糖的髈肉入油锅，炸得焦黄起泡后捞出，放入冷水里，其皮紧缩。这道工序又叫酥髈肉。

（4）将髈肉入大碗或盘，抹上盐，放豆豉、生姜，蒸至肉烂，出锅时放葱花。

关键技术：髈肉入锅，切忌肉皮贴锅，肉皮贴锅容易烧煳，且肉皮爆炸时热油爆出容易伤人，最好用爪子钩钩住，肉离锅底。

菜品特点：肥而不腻，肉香浓郁。

四、杀猪菜

主料：带皮猪后腿肉 500 克，猪肝 300 克，熟猪血 300 克。

调料：猪油 50 克，霉豆腐盐水 20 克，盐 8 克。

香料：生姜 10 克。

制作：

（1）猪肉刮洗干净，肥瘦分开，切成薄片。

（2）猪肝洗净切片，猪血切片。

（3）生姜切成丝。

（4）冷锅烧热放猪油，下肥肉片，炒至油出，下
猪肝翻炒几下，下猪血，放盐翻炒，放水 800 克。

（5）放水煮开几滚后，刮去浮沫，放霉豆腐盐水，
放生姜丝，出锅。

▲ 杀猪菜

关键技术：带皮肥肉要炒出油，浮沫要刮干净。

菜品特点：本色本味，鲜嫩可口。

五、辣椒爆肉

主料：五花肉 400 克。

相料：青辣椒 300 克。

调料：盐 15 克，菜油 30 克。

香料：生姜 10 克，大蒜 15 克。

制作：

（1）烙肉皮，刮洗干净，沥干水，切成片。

（2）辣椒去蒂，剖开去籽，切成菱形片。

（3）生姜去皮切成末，大蒜去须切成半寸段。

▲ 辣椒爆肉

（4）菜油入锅烧至泡净。

（5）肥肉片入锅翻炒至出油，再入瘦肉。

（6）肥瘦肉翻炒出水时移至锅的一边，辣椒入锅另一边，放盐翻炒，然后与肉
合炒。

（7）生姜、大蒜入锅翻炒，用水往锅周边焌一下，翻炒带汁出锅。

关键技术：肥肉要炒出点油才不腻，焌水是为了溶盐、透味。

菜品特点：肥而不腻，瘦而不柴，咸辣适中，既下酒又下饭。

六、熬拆骨肉

主料：带肉杂骨若干。

相料：藠子 50 克，红尖椒 20 克。

调料：盐 15 克，骨头汤 300 克，菜油 20 克。

香料：生姜 5 克。

制作：

（1）杂骨洗净入锅，水盖面。

（2）大火炖至肉骨能分离，刮去浮沫，捞肉骨出锅。

（3）骨肉分离，将分离出的肉改刀成小坨。

（4）藠子洗净去外皮，拍扁后切碎，红尖椒去蒂去籽切碎，生姜去皮切成末。

▲ 熬拆骨肉

（5）菜油入锅烧至泡净，入藠子、红尖椒，加盐煸香。

（6）放入拆骨肉翻炒，加骨头汤熬至少量汤汁，放生姜末出锅。

关键技术：拆骨肉烂而不泥，肉中不带碎骨。

菜品特点：原汁原味，鲜香可口。

七、蒸米麸肉

主料：五花肉 1000 克。

相料：粘米 100 克。

调料：盐 15 克，米酒 20 克。

香料：胡椒粉 5 克。

制作：

（1）五花肉烙皮，刮洗干净，切成长 6 厘米、宽 4 厘米、厚 2 厘米左右的块。

▲ 蒸米麸肉

（2）肉块入盆，放盐、胡椒粉、米酒，拌均匀，腌制 1 小时，其间翻动 1 次。

（3）粘米磨成米麸，米麸入锅炒香变黄。

（4）将腌制的肉块逐块滚上炒过的米麸。入蒸钵上蒸笼，蒸至肉香，再持续 3～5 分钟，熄火坐汽后出笼。

关键技术：肉要入味，咸淡适中，要用陶钵蒸。

菜品特点：肉香浓郁，肥而不腻，米麸透味好。

八、蒸米麸腊肉

主料：米麸腊肉 500 克。

制作：将米麸腊肉装入蒸钵，用水浇湿腊肉，上蒸笼蒸熟蒸发。

关键技术：米麸腊肉胚子因为是以明火烤制的，不需水洗，如果水洗则去了米麸，去了盐味，去了烤制香味。

菜品特点：肥而不腻，瘦而不柴，复合浓香，回味悠长。

▲ 蒸米麸腊肉

九、酿油豆腐

主料：油豆腐 500 克，五花肉 200 克。

相料：饼干 3 块，鸡蛋 1 个。

调料：茶油 20 克，豆豉 15 克，盐 10 克，骨头汤 400 克，胡椒粉 10 克。

香料：大蒜瓣 3 粒，香葱 15 克。

制作：

（1）五花肉去皮，切细，剁成泥。

（2）饼干剁碎，大蒜拍碎切细，香葱切成葱花备用。

▲ 酿油豆腐

（3）肉泥、饼干、蒜泥、胡椒粉、盐拌和一起，磕入鸡蛋，边剁边拌均匀成馅。

（4）将清洗干净的油豆腐撕开小口，塞入肉馅。

（5）将塞好肉馅的油豆腐装盘上蒸笼。

（6）锅内放油烧热，放入豆豉炒香，放骨头汤烧开，蒸好的油豆腐入锅，熬至骨头汤半干，撒入葱花出锅。

关键技术：加饼干使肉泥松软，上蒸后笼肉泥定型不散。

菜品特点：油豆腐鲜香透味，肉馅松软爽口。

十、酿苦瓜

主料：苦瓜 3 根，五花肉 400 克。

相料：鲜红辣椒 50 克，饼干 3 块，鸡蛋 1 个。

调料：盐 15 克，骨头汤 400 克，茶油 15 克，芡粉 10 克。

香料：生姜 15 克，大蒜瓣 3 粒。

制作：

（1）苦瓜洗净，两头去蒂后切成寸段，去籽去瓤后浸泡在浓度约 2% 的盐水里，10 分钟后捞出。

（2）五花肉去皮剁成泥，放盐 10 克，饼干捣碎成末，大蒜捣成泥，鲜红辣椒去蒂去籽切成末，混合后磕入鸡蛋 1 个，拌匀再剁使其均匀成馅。

（3）生姜切成末备用。

（4）将肉馅填充于苦瓜筒，压实后盛于盘，然后上蒸笼蒸熟。

▲ 酿苦瓜

（5）茶油入锅烧至泡净，放骨头汤，放盐 5 克，放生姜末烧开。

（6）将蒸熟的苦瓜筒入锅熬煮至汤汁半干，调好芡入锅，翻动使芡均匀。

（7）苦瓜筒直接摆盘，锅里余芡浇于其上。

关键技术：肉馅要剁细，填充时要压实。

菜品特点：颜色透绿，清凉香辣。

十一、氽汤小肠

主料：新鲜猪小肠 750 克。

调料：盐 15 克，茶油 40 克，胡椒粉 5 克。

香料：生姜 10 克，香葱 5 克。

制作：

（1）选用没落地的带有肠油的小肠，用清水洗净，用筷子将小肠翻转，入清水清洗肠内黏液，沥干水。

（2）将小肠剁成 1 厘米长的段，生姜去皮切成末，香葱切花。

▲ 氽汤小肠

（3）茶油入锅至泡净，下小肠翻炒，放盐，放水 750 克，煮开 5~7 分钟。

（4）刮去浮沫，放姜末、葱花，带汤出锅。

关键技术：小肠不能多拉，拉多了会苦。小肠要剁成细段，长段会嚼不烂。

菜品特点：汤鲜味美，营养丰富。

十二、发丝响肚

主料：鲜猪肚 1 个。

相料：酸辣椒、新鲜的辣椒各 50 克。

调料：茶油 100 克，盐 15 克，米酒 20 克。

香料：生姜 20 克，香葱 10 克。

制作：

（1）用刀刮去猪肚黏液，再用茶油和盐揉搓猪肚内壁，去除黏液，去掉油边和淋巴结，洗净切成一寸宽的长条，晾干水。

（2）将晾干的猪肚条，切成细丝。

（3）两种辣椒去蒂去籽切成丝，生姜去皮切成丝，葱切寸断。

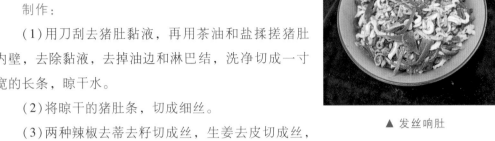

▲ 发丝响肚

（4）茶油入锅烧至泡净。下肚丝翻炒至出水，放米酒、辣椒、姜丝、葱段，迅速翻炒均匀，出锅装盘。

关键技术：猪肚清洗干净无异味。肚丝要细要均匀。油多火大，快速出锅。

菜品特点：肚丝响脆，酸辣鲜香。

十三、墨鱼炖肚条

主料：鲜猪肚 1 个，水发墨鱼 500 克。

调料：茶油 80 克，盐 20 克，米酒 15 克。

香料：生姜 15 克，胡椒粉 5 克。

制作：

（1）猪肚刮洗、盐洗后，沥干水。铁锅烧红，猪肚内层入锅拉，将内层黏液去除，拉完后取出两面清洗干净，入锅汩水，汩水后捞出沥干水，切成肚条。

▲ 墨鱼炖肚条

（2）水发墨鱼去骨，清洗后入锅汩水。出锅后切成与肚条一样大小的墨鱼条。

（3）茶油入锅烧至泡净，肚条入锅放盐翻炒，放米酒。

（4）炒好后的肚条入炖锅，放墨鱼、水、胡椒粉炖，炖至肚条烂。放生姜后出锅。

关键技术：猪肚处理至无异味，炖煮前要炒干水分入味。

菜品特点：亦菜亦汤，汤鲜味美，老少皆宜。

十四、辣椒焖肚条

主料：鲜猪肚 1 个。

相料：青辣椒 500 克。

调料：茶油 50 克，盐 15 克，米酒 20 克。

香料：蕌子 100 克，生姜 10 克，八角 3 个。

制作：

（1）猪肚刮洗干净后沥干水，再入锅烙，清洗干净后入锅汩水。

▲ 辣椒焖肚条

（2）将汩水后猪肚切成条，青辣椒去蒂去籽切成片，蕌子去须切成约 2 厘米长的段，生姜切丝。

（3）茶油入锅烧至泡净，肚条入锅，放盐翻炒，放米酒、八角翻炒后加水盖面，盖锅盖有如炖。待汤水半干时揭盖，放辣椒翻炒，敞锅焖，待余少量汤汁时，放蕌子和生姜，翻炒至蕌子断生时出锅。

关键技术：猪肚干净无异味。猪肚要焖烂。

菜品特点：香辣鲜浓，味道纯正。

十五、酸辣椒炒心肺臊子

主料：猪肺和气管 800 克。

相料：酸辣椒 400 克。

调料：菜油 100 克，盐 10 克，米酒 20 克。

香料：生姜 15 克，大蒜 20 克。

制作：

（1）猪肺分割成块，洗尽血水，入锅汩水，去浮沫，捞出入清水用手反复挤压洗净，沥干水，切成小薄片。

▲ 酸辣椒炒心肺臊子

（2）酸辣椒切丝，生姜切丝，大蒜切成寸段。

（3）菜油入锅烧至泡净，放入肺片放盐爆炒，放米酒，炒干水汽后放酸辣椒丝、大蒜翻炒，再放生姜出锅。

关键技术：肺叶要清洗干净。肺叶和气管要均匀切细。

菜品特点：酸辣鲜香，爽脆可口。

十六、辣椒爆猪心

主料：猪心 1 个。

相料：青、红辣椒各 100 克。

调料：菜油 50 克，猪油 40 克，盐 15 克，桂皮 10 克，米酒 20 克。

香料：生姜 10 克，大蒜 10 克。

制作：

（1）猪心切成 4 块，洗净，入锅汆水，放桂皮。

（2）捞出猪心冲洗干净，沥干水，切片。

（3）青、红辣椒去蒂去籽，切菱形片，生姜去皮切片，大蒜切寸段。

▲ 辣椒爆猪心

（4）菜油入锅烧至泡净，猪心片、生姜片入锅放盐爆炒，放米酒，翻炒后出锅备用。

（5）放猪油，烧热后放辣椒片，放盐翻炒至断生入味，将炒好的猪心片入锅翻炒均匀，装盘出锅。

关键技术：猪心要洗干净去腥味，油多火大。

菜品特点：香辣可口，油光发亮。

十七、糯米酿大肠头

主料：大肠头 1 副。

配料：糯米 750 克。

调料：麻油 10 克，盐 10 克，胡椒粉 5 克。

香料：大蒜子 3 瓣。

制作：

（1）用盐揉搓大肠头内壁，洗净沥干，入烧红的铁锅拉，拉均匀后出锅洗净，翻转清洗外层，再里外翻转清洗。

▲ 糯米酿大肠头

（2）糯米用温水淘净，沥干水，拌和盐、胡椒粉，大蒜子拍碎切成米状后拌入，浇上麻油。

（3）用纳鞋底线扎紧大肠头一头，将拌和好的糯米从另一头塞入，塞满后扎紧另一头。

（4）炖锅放水，大肠头没于水中，炖至糯米熟透。

（5）煮好的酿大肠头盛于盘中，用刀切成小段即可食用。

关键技术：米要塞满扎紧，煮时用重物压住，不让大肠头浮出水面，否则浮出来部分的糯米不熟。

菜品特点：亦菜亦小吃，软糯鲜香。

十八、油豆腐炖猪脚

主料：猪脚 750 克。

相料：油豆腐 500 克。

调料：盐 10 克，豆豉 15 克，茶油 40 克，八角 3 个，米酒 20 克。

香料：生姜 15 克，香葱 10 克。

制作：

▲ 油豆腐炖猪脚

(1)猪脚烧毛刮净，砍成坨，入锅汩水，刮去浮沫，捞出后冲洗干净，沥干水。

(2)生姜切末，香葱切花，每坨油豆腐用牙签钻穿 2~3 孔。

(3)茶油入锅烧至泡净，入猪脚、八角翻炒，放盐、生姜翻炒，再放米酒。将炒好的猪脚入炖锅，放水 1500 克大火炖。

(4)猪脚炖出肉香味时，下油豆腐继续炖。先大火后小火炖 1 小时，炖至剩少量汤汁时，放豆豉、葱花拌匀出锅。

关键技术：猪脚干净无异味。油豆腐不能切开，切开后豆腐芯就会散。

菜品特点：本色本味，猪脚软烂，汤汁浓稠，油豆腐透鲜。

十九、肉饼蒸蛋

主料：去皮五花肉 300 克。

相料：鸡蛋 3 个，饼干 3 块，荸荠 3 个。

调料：盐 10 克，胡椒粉 5 克。

制作：

▲ 肉饼蒸蛋

(1)五花肉洗净沥干水，切片后剁成泥，饼干捣碎成末，荸荠去皮去蒂剁成泥，放胡椒粉，放盐 6 克，拌剁均匀。

(2)鸡蛋磕入碗，放盐 4 克、冷水 100 克，用筷子搅散均匀。

(3)肉泥捏成饼状放入蛋碗中，上蒸笼蒸熟出锅。

关键技术：火候把控须要恰到好处，既要熟透，又要保证蛋嫩，不能呈蜂窝状。

菜品特点：肉蛋透鲜，肉松蛋嫩，营养丰富，老少皆宜。

二十、荷叶煨肉

主料：瘦肉 750 克。

相料：荸荠 100 克。

调料：盐 10 克，胡椒粉 5 克。

香料：蒜瓣 5 粒，生姜 5 克。

制作：

（1）瘦肉洗净沥干水，切细后剁成泥。

（2）荸荠去蒂去皮切细剁成泥，蒜瓣拍碎剁细，生姜切成末。

▲ 荷叶煨肉

（3）肉泥、荸荠泥、蒜泥、姜末、盐、胡椒粉拌和在一起，边剁边拌均匀。

（4）新鲜荷叶或干荷叶洗净沥干水，新鲜棕叶撕成细条。荷叶摊铺三层，放上剁好的全部肉泥原料，形成饼状，包好用棕叶条捆紧，外层用打湿的黄草纸再包一层，用棕叶条捆紧。

（5）将荷叶包放灶膛纸焖火上，再用纸焖火盖住，灶膛不断添柴生火，等一段时间将荷叶包翻边再煨，煨至黄草纸快变煳时，取出装盘。

关键技术：荷叶是完整的，不能有漏洞，不能用明火。

菜品特点：原汁原味，松软爽口。

二十一、杂骨炖海带

主料：杂骨 1000 克，干海带 250 克。

调料：盐适量，胡椒粉 5 克，干辣椒 5 克，猪油 20 克。

香料：生姜 10 克，大蒜 15 克。

制作：

（1）杂骨清洗干净，入大锅宽水炖。

（2）干海带泡发，用细毛刷刷净表面污垢，清洗干净后搭放竹竿上晾干，海带表面不滑腻时切成小片，切好的海带入锅焯水，沥干备用。干辣椒去蒂去

▲ 杂骨炖海带

籽切小片，生姜切小片，大蒜切五分段。

（3）杂骨熬至汤白浓稠，骨肉分离时放海带继续炖，大火炖30分钟。

（4）炒锅烧热，放猪油，放辣椒、生姜爆炒；捞出海带（剔除骨头）入锅，放盐翻炒，滗骨头汤入锅，煮至海带入味，放大蒜带汤出锅。

关键技术：海带必须刷洗干净，炖的时候不放盐，盐放早了汤不鲜。此菜为大锅菜，炖大锅菜更能出鲜。

菜品特点：汤浓味鲜，海带软烂。

二十二、筒子骨炖萝卜

主料：筒子骨2500克，萝卜2500克。

调料：盐适量，胡椒粉10克，辣椒粉10克。

香料：生姜15克，大蒜15克。

制作：

（1）萝卜洗净去蒂，切成2厘米见方的坨，生姜切片，大蒜切2厘米段。

▲ 筒子骨炖萝卜

（2）筒子骨洗净，入炖锅，放宽水炖，炖至骨肉分离，去净浮沫，放入萝卜坨，放胡椒粉、辣椒粉，先大火炖10分钟，再放盐慢火炖30分钟。

（3）放入生姜、大蒜，出锅。

关键技术：炖萝卜要掌握火候，要入味。此菜为时令菜，可热吃，也可冷却后吃冻。

菜品特点：萝卜软烂，汤鲜爽口。

二十三、清蒸鸡

主料：开膛鸡1只约1250克。

调料：盐10克。

香料：生姜10克。

制作：

（1）清洗干净的开膛鸡，去翅尖、尾梢、爪甲。

鸡肉的传统分割法有讲究：从鸡背脊骨处砍成两半，砍掉翅膀、鸡脖、鸡爪，砍两个鸡腿肘、两个翅膀肘，鸡胸肉切成三段，肋骨以下软肉一边一块，肋骨肉一边砍五块，鸡脖砍成小段，鸡头取出舌头后一分为二。鸡肝切成坨，鸡胗切成片，鸡心一

分为二，鸡肠切若干段。

（2）将砍好的鸡肉料全部放入蒸钵，上面均匀撒上盐，蒸锅放适量的水，放一架子，蒸钵置放架子上，隔水大火蒸。

（3）待冒出浓浓的鸡肉香味后，再蒸5分钟停火，坐汽后揭盖放入姜丝，拌动后出锅。

关键技术：鸡要燂掉细毛，去净黄漫，否则腥味重，去净鸡肺，肺不卫生。如果是老母鸡，蒸的时间要延长。

▲ 清蒸鸡

菜品特点：原汁原味，唇齿留香。

二十四、醋蒸鸡

主料：去内脏整鸡1只约1250克。

相料：腌辣椒100克，水发香菇100克。

调料：盐8克，米醋20克，胡椒粉3克。

香料：生姜10克，香葱10克。

制作：

（1）燂毛洗净开膛鸡沥干水，剁成条形块，生姜切成片，腌辣椒、水发香菇切片，香葱切葱花。

▲ 醋蒸鸡

（2）鸡块入盆，放盐，放米醋、胡椒粉，拌匀腌制30分钟，香菇片装碗放盐抓匀。

（3）将腌制好的鸡块入蒸碗，有序排列，鸡块皮贴碗底，放入腌辣椒、香菇盖面。

（4）入蒸锅蒸，冒大汽后半小时熄火，坐汽后出锅，用大盘盖其上扣转，拿开蒸碗，撒上葱花。

关键技术：鸡块摆盘整齐，扣转时汤汁不溢。

菜品特点：酸辣鲜香，回味无穷。

二十五、清炖鸡

主料：老母鸡1只重约1500克。

调料：茶油75克，盐10克，米酒10克，胡椒粉3克。

香料：生姜10克。

制作：

（1）老母鸡宰杀后去毛，燂毛，抹黄漫清洗干净，开膛取出内脏，清洗干净。

（2）鸡肉剁成块，鸡胗切片，其他内脏一应切好，生姜切成末。

（3）茶油入锅至泡净，下入鸡肉、鸡杂翻炒，放盐、米酒再炒，放水没入鸡块，烧开，刮去浮沫，然后换炖锅，放胡椒粉小火炖。

（4）炖至鸡肉香、鸡肉烂，放生姜出锅。

关键技术：清炖鸡定要用老母鸡，久炖味鲜，鸡块不散。

菜品特点：汤鲜味美，软烂可口。

▲ 清炖鸡

二十六、水煮鸡

主料：整鸡料 1250 克。

相料：青、红辣椒各 150 克。

调料：菜油 100 克，盐 15 克，米酒 10 克。

香料：生姜 10 克，大蒜 15 克。

制作：

（1）鸡肉剁成小坨，鸡胗切片，鸡肝切坨，鸡心一分为二，鸡肠切段，青、红辣椒去蒂去籽切菱形，生姜切米粒状，大蒜切五分段。

▲ 水煮鸡

（2）菜油入锅烧至泡净，下鸡料爆炒，放盐和米酒再炒至粘锅，加水盖面，铲动锅底黏胶，烧开后刮去浮沫。

（3）煮至水干一半，放入青、红辣椒拌动，煮至辣椒熟透入味，放生姜、大蒜带汤出锅。

关键技术：出锅时放生姜，姜香浓郁。老鸡要多放水久煮。

菜品特点：鸡嫩汤鲜，香辣爽口。

二十七、煨叫化子鸡

主料：仔母鸡 1 只约 1500 克。

相料：党参 5 克，当归 5 克，黄芪 3 克，红枣 5 颗。

调料：盐 15 克，麻油 10 克，米酒 30 克，胡椒粉 3 克。

香料：生姜5克，葱5克。

制作：

▲ 煨叫化子鸡

（1）鸡宰杀后煺净毛，燂毛，搓摸洗净。

（2）沿食袋处剪开取出食袋，沿肛处剪开成一掏洞，从掏洞口掏出内脏，冲洗腔内血水，沥干。

（3）内脏清洗干净分别切成片或段。

（4）党参、当归、黄芪、红枣泡发五成，塞入鸡内腔。

（5）生姜切成片，葱捆成1把，与盐、麻油、米酒、胡椒粉拌和一起，取其汁涂抹鸡的周身，余汁与生姜片、葱捆一同塞入鸡内腔。

（6）用针线将掏洞和食袋口缝紧。

（7）干荷叶泡发洗净，将鸡包裹三层，用线扎紧，外敷5厘米厚的黄泥。

（8）将裹好黄泥的鸡置灶膛煨烤，待黄泥烤干变焦后取出，去泥壳、荷叶，装盘用刀切割分食。

关键技术：掏洞要小，要缝实，防止漏汁。火候要到位，如果开包后发现火候不够，不便回炉。

菜品特点：质味醇厚，鲜香可口。

二十八、酸辣鸡杂

主料：鸡内脏2副，鸡血2份。

相料：酸辣椒150克，鲜红椒50克。

调料：菜油100克，盐10克，米酒10克。

香料：生姜 10 克，大蒜 10 克。

制作：

（1）鸡胗剖开抖干净，去内金，鸡肠剪开，拉洗后沥干水放盐抓挤，清洗，沥水，再放盐抓挤，洗至水清，蛋袋翻转清洗，鸡肝去胆，鸡心、蛋花洗净，鸡血入锅煮熟定型捞出。

▲ 酸辣鸡杂

（2）鸡胗切片，鸡肠、蛋袋切寸段，鸡肝切小块，鸡心半开，鸡血切薄片，酸辣椒、红椒去蒂去籽切丝，生姜切小片，大蒜切五分段。

（3）菜油入锅烧至泡净，鸡杂入锅翻炒。放盐、鸡血、生姜、米酒炒。鸡杂挪至锅一边，另一边炒红椒，红椒炒软后与鸡杂一起炒，放酸辣椒、姜片、大蒜再炒，用水烧锅边，带少量汤汁出锅。

关键技术：鸡胗、鸡肠均要干净，酸辣椒要正宗。

菜品特点：酸辣爽口，唇齿留香，回味无穷。

二十九、清蒸鸭

主料：水鸭 1 只约 1750 克。

调料：茶油 100 克，盐 15 克，米酒 10 克，胡椒 3 克。

香料：生姜 10 克。

制作：

（1）鸭毛煺净，开膛去内脏，去食袋、食管、气管，腔内洗净沥干水。

（2）去尾梢、爪甲，肉剁成块。

（3）茶油入锅烧至泡净，鸭肉入锅翻炒，放盐、放料酒。

（4）将炒好的鸭料装入蒸钵，蒸锅内放水，蒸钵置于架上。上汽蒸 30 分钟，放生姜出锅。

关键技术：鸭毛要拔干净，杀鸭前要给鸭喂酒；鸭血要放净。

菜品特点：鸭肉软嫩，原汁原味，味鲜可口。

三十、米麸蒸鸭

主料：水鸭肉 1250 克。

相料：大米 250 克。

调料：茶油 50 克，盐 20 克，米酒 10 克。

香料：生姜10克，五香粉3克。

制作：

（1）鸭肉洗净沥干水，剁成块，生姜切成末。

（2）大米磨成米麸，入锅炒香变色。

（3）茶油入锅烧至泡净，鸭肉入锅翻炒，放盐和米酒翻炒。熄火后放米麸、生姜、五香粉拌和均匀，装入蒸钵。

（4）大火蒸30分钟，熄火坐汽后出锅。

▲ 米麸蒸鸭

关键技术：米麸不宜过细，要炒香；老母鸭要久蒸。

菜品特点：滑嫩软糯，鲜香爽口。

三十一、辣椒爆仔鸭

主料：仔鸭肉750克。

相料：青辣椒300克。

调料：茶油100克，盐10克，米酒10克。

香料：生姜10克，蒜瓣3粒。

制作：

（1）鸭肉切成丁。

（2）青辣椒去蒂去籽切成片，生姜切末，蒜瓣切片。

▲ 辣椒爆仔鸭

（3）茶油入锅烧至泡净，鸭肉入锅爆炒，放盐6克、蒜瓣、米酒。

（4）鸭肉挪至锅一边，青辣椒放在锅另一边，放盐4克，炒熟时与鸭肉一起炒匀，少量水焌锅边，放生姜出锅。

关键技术：鸭龄不超过80天的仔鸭，超龄鸭不宜爆炒。油多火大。

菜品特点：鸭肉辣香，辣椒透鲜。

三十二、仔姜焖鸭

主料：鸭肉1250克。

相料：仔姜100克，青、红椒100克。

调料：茶油100克，盐8克，霉豆腐盐水15克，米酒10克。

香料：大蒜 10 克。

制作：

（1）鸭肉切成小块。

（2）仔姜切丝，青、红椒去蒂去籽切丝，大蒜切五分段。

（3）茶油入锅烧至泡净，鸭肉入锅翻炒，放盐、霉豆腐盐水、米酒翻炒至粘锅，放水盖面，先大火后小火焖，其间至少翻动 1 次。

（4）焖至三分之一汤水时，放入青、红椒和姜丝翻炒，剩有少量汤时，放大蒜出锅。

关键技术：霉豆腐盐水去腥味、提鲜。如果是老鸭则盖锅盖久焖。

菜品特点：肉烂适口，香辣味鲜。

三十三、清炖老鸭

主料：带骨老鸭肉 1500 克。

调料：盐 10 克，胡椒粉 2 克，米酒 10 克，霉豆腐盐水 10 克，茶油 50 克。

香料：生姜 10 克。

制作：

（1）鸭肉剁成块，生姜切成片。

（2）茶油入锅烧至泡净，放鸭块，放盐和米酒翻炒至粘锅。

▲ 清炖老鸭

（3）鸭肉入炖锅，放宽水，大火烧开 5 分钟捞出浮沫，改文火炖 1 小时，放霉豆腐盐水、胡椒粉出锅。

关键技术：煺毛要净，去鸭尾梢，霉豆腐盐水提鲜去腥。

菜品特点：汤清味鲜，滋阴补阳。

三十四、酸辣鸭杂

主料：鸭杂 500 克，鸭血 200 克。

相料：腌辣椒 200 克。

调料：盐 8 克，米酒 10 克，菜油 100 克。

香料：生姜 10 克，大蒜 10 克。

制作：

（1）鸭肠剪开后洗净，放盐搓洗 2 ~ 3 遍，鸭胗去内金洗净，鸭肝、鸭心、蛋花

（注：当地的方言）洗净，鸭血放盐凝固后划成块，入水煮熟定型。

（2）鸭胗切片，肠切寸段，肝切小坨，鸭心一分为二，鸭血切小片，腌辣椒切细，生姜切丝，大蒜切五分段。

（3）菜油入锅烧至泡净，鸭杂入锅放盐爆炒，放米酒炒，将鸡杂挪至锅的一边，另一边放腌辣椒炒，与鸭杂拌炒，放姜丝、大蒜炒匀出锅。

关键技术：鸭杂要清洗干净，腌辣椒要酸脆。

菜品特点：香辣味浓，酸脆爽口。

三十五、清蒸鲤鱼

主料：活鲤鱼 500 克。

调料：猪油 25 克，盐 6 克，米酒 5 克。

香料：生姜 8 克。

制作：

▲ 清蒸鲤鱼

（1）鲤鱼去鳞去鳃，从肚皮处剖开，去内脏，洗净血水，沥干。肉厚部位打花刀，生姜切丝。

（2）将鱼撒上盐和米酒，加生姜腌一刻钟。

（3）装盘放猪油，入蒸笼，上汽后大火蒸 10 分钟，坐汽后出锅。

关键技术：鱼腔内黑色东西要去净，鱼胆不能破。蒸的时间要掌握适当。

菜品特点：肉质滑嫩，鲜香味浓。

三十六、酥焖鲫鱼

主料：活鲫鱼 600 克。

调料：茶油 1000 克（实耗 150 克），盐 10 克，米酒 10 克。

相料：青、红辣椒各 50 克。

香料：生姜、大蒜各 10 克。

制作：

▲ 酥焖鲫鱼

（1）刀在鲫鱼前鳍部位切口，用手挤出内脏，去鳃，洗净，沥干水。生姜切丝，大蒜切五分段，辣椒切丝。

（2）茶油入锅烧至泡净，将沥干水的鲫鱼入锅炸焦，捞起沥油。

（3）将锅内炸鱼的油滤出，再将炸焦的鲫鱼入锅，放盐、米酒、生姜炒匀，放水盖面小火焖。

（4）汤水剩三分之一时，放入辣椒丝翻匀，焖煮至剩少许汤汁时放大蒜出锅。

关键技术：鲫鱼内脏要挤干净，胆不能破。慢火炸，焦而不煳。

菜品特点：鲫鱼酥烂，骨软肉香。

三十七、水煮鳙鱼

主料：鳙鱼 1500 克。

调料：茶油 100 克，盐 15 克，霉豆腐盐水 10 克。

香料：生姜和大蒜各 10 克。

制作：

（1）鳙鱼去鳞、去鳃、去鳍，直剖肚皮，掏去内脏，洗净，沥水。

（2）鱼头一分为二，鱼身砍成块。生姜切片，大蒜切五分段。

▲ 水煮鳙鱼

（3）茶油入锅烧至泡净，鱼块入锅翻炒均匀上油，放盐、水盖面煮。

（4）大火煮 30 分钟，刮去浮沫，放霉豆腐盐水、生姜、大蒜出锅。

关键技术：活鱼，品质好，腔内黑东西去干净。

菜品特点：肉质鲜嫩，汤白香浓。

三十八、辣椒焖草鱼

主料：草鱼 1 条约 1000 克。

相料：青、红辣椒各 100 克。

调料：茶油 100 克，盐 15 克，米酒 10 克。

香料：生姜 10 克，大蒜 10 克。

制作：

（1）草鱼去鳞、鳃、鳍，从鱼背剖开，取出内脏，清洗干净，鱼肉砍成块，放盐和米酒腌一刻钟。

（2）青、红辣椒去蒂去籽切丝，生姜切末，大蒜切五分段。

▲ 辣椒焖草鱼

（3）茶油入锅烧至泡净，鱼块入锅，煎至焦黄，放酒翻炒，水盖面焖至汤汁三分之一时，辣椒入锅翻炒再焖，待剩少量汤汁时放姜末、大蒜出锅。

关键技术：鱼腔内黑色附着物要刮洗干净。

菜品特点：汤汁稠浓，肉质鲜嫩，鲜辣爽口。

三十九、萝卜丝煮鱼

主料：鲢鱼1条约1000克。

相料：鲜萝卜1000克，干红辣椒粉5克。

调料：茶油50克，猪油50克，盐15克。

香料：生姜10克，大蒜10克。

制作：

▲ 萝卜丝煮鱼

（1）鲢鱼去鳞、鳃、鳍，去腔内黑色物，洗净沥干水。

（2）鲢鱼共砍成4段，生姜切丝，萝卜切丝，大蒜切五分段。

（3）茶油入锅烧至泡净，放猪油，鱼段入锅翻炒，放盐煎至焦黄，放宽水煮。

（4）待鱼汤呈奶白色，剩有三分之一汤汁时，放萝卜丝、少量干红辣椒粉翻炒继续煮，待萝卜丝煮软入味，放生姜丝、大蒜出锅。

关键技术：下萝卜丝前，捡出鱼刺。

菜品特点：汤白味鲜，萝卜丝软嫩，香辣透味。

四十、红薯粉煮鱼

主料：草鱼1000克。

相料：干红薯粉500克。

调料：茶油50克，猪油75克，盐10克，豆豉15克。

香料：生姜、香葱各10克。

制作：

▲ 红薯粉煮鱼

（1）草鱼去鳞、鳃、鳍、内脏，去腔内黑色物，洗净沥干水。

（2）鱼砍成块，红薯粉发至五成，生姜切末，葱切葱花。

（3）茶油入锅烧至泡净，猪油入锅后下鱼翻炒使油均匀，放盐煎至粘锅，放宽水煮，汤白浓稠时，挑出鱼骨鱼刺，放红薯粉煮。

（4）待红薯粉煮透，剩有少量汤汁时，放豆豉、生姜、葱花出锅。

关键技术：红薯粉不宜先发透，入锅前要剪成 20 厘米的段，煮鱼放水要一次性放足，二次放水会有腥味。

菜品特点：红薯粉软滑，汤汁浓稠，香鲜可口，鱼汤粘嘴。

四十一、煮冻鱼

主料：草鱼 1000 克。

调料：茶油 50 克，猪油 75 克，盐 20 克，红辣椒粉 10 克，骨头汤 500 克。

香料：生姜 10 克，大蒜 10 克。

制作：

（1）草鱼去鳞、鳃、鳍、内脏，去腔内黑色物，洗净，沥干水，剁成比拇指头稍大的坨，放盐腌一刻钟。

▲ 煮冻鱼

（2）生姜切末，大蒜切五分段。

（3）茶油入锅烧至泡净，放猪油烧化，鱼肉入锅翻炒，煎至稍黄，放红辣椒粉炒，放骨头汤，放宽水煮。

（4）煮至汤汁浓稠，辣椒粉使汤面变红时，放姜末、大蒜带汤装碗，放置通风处吹凉成冻。

关键技术：放骨头汤使汤容易成冻，但放多了会抢鱼的鲜味，冻鱼是冬季菜，夏天须进冰箱冷藏结冻。

菜品特点：鱼冻光滑，辣香爽口。

四十二、鱼肠米麸

主料：鱼肠（杂）750 克。

相料：粘米麸 300 克。

调料：茶油 50 克，猪油 75 克，盐 10 克，去籽干辣椒粉 3 克。

香料：生姜 5 克，香葱 5 克。

制作：

（1）鱼肠去肠油洗净，用筷子翻转洗净，鱼肝去胆洗净，鱼鳔洗净，均沥干水。

（2）鱼肠（杂）剁碎，生姜切末，香葱切花。

（3）茶油入锅烧至泡净，猪油入锅烧化，鱼肠（杂）入锅煎炒，放辣椒粉炒，放水煮至汤浓。

（4）米麸入碗放冷水调成浆入锅后，用筷子不停搅动，等米麸熟透，放姜末葱花搅匀出锅。

关键技术：米麸与水（汤）的比例一般为 1∶5，稀了筷子挑不起，水少了米麸不会熟。

菜品特点：鲜味独特，香辣软滑。

▲ 鱼肠米麸

四十三、荷折皮煮泥鳅

主料：土泥鳅 500 克。

相料：红薯淀粉 400 克。

调料：茶油 100 克，猪油 50 克，盐 10 克。

香料：生姜 10 克，木葱子 50 克。

制作：

（1）泥鳅冲洗干净，用酒或用盐使其休眠，从肚皮处剖开，用刀刮去内脏，洗净沥干水。生姜切末，木葱子去皮去蒂拍扁。

（2）红薯淀粉调成浆，放盐 3 克，筷子搅动。

▲ 荷折皮煮泥鳅

（3）茶油 10 克，在平底锅中烧热，转匀，红薯淀粉浆入平底锅转动均匀，待定型后翻转，熟透时出锅晾凉，得到荷折皮。

（4）晾凉的荷折皮切成 1 厘米宽、5 厘米长的条。

（5）茶油入锅烧至泡净，猪油入锅烧化，泥鳅入锅翻炒，放盐煎焦，放宽水煮至汤白浓稠，下木葱子，放荷折皮煮软，放生姜带汤出锅。

关键技术：荷折皮要烫熟凉透返生，泥鳅要煎焦不滑腻。

菜品特点：荷折皮软滑，泥鳅不腻，汤汁稠浓，鲜香可口。

四十四、鱼冻

主料：草鱼 1500 克。

调料：茶油 50 克，猪油 50 克，盐 10 克，胡椒粉 3 克，干红辣椒 10 个，霉豆腐盐水 10 克，肉皮骨头汤 500 克。

香料：生姜 10 克。

制作：

（1）草鱼去鳞、鳃、鳍、内脏，刮去腔内黑色物，草鱼砍成头、尾、腰身三段。

（2）鳞、鳃、鳍收集洗净，入锅加水煮，刮去浮沫，煮至汤稠汁浓，捞出鳞、鳃、鳍，滤出汤汁。

（3）茶油入锅烧至泡净，猪油入锅烧化，草鱼段入锅翻炒，放盐炒，放宽水煮，汤白汁稠时，滤出汤汁。

（4）肉皮刮洗干净，骨头漂洗后入锅加宽水煮，煮开30分钟时，捞干净浮沫。

（5）将鱼鳞汤和鱼肉汤倒入肉皮骨头汤锅，放红辣椒、霉豆腐盐水、生姜片入锅熬，熬至浓稠时捞出骨头、肉皮、辣椒、生姜片。汤汁出锅入碗或入模具，晾凉结冻。

关键技术：过滤干净，没有杂质，汤汁稠浓才能冻得硬。

菜品特点：透明透亮，入口即化，鲜香爽口。

▲ 鱼冻

四十五、酸辣鱼杂

主料：鱼杂1250克。

相料：腌辣椒200克。

调料：茶油50克，猪油50克，盐10克。

香料：生姜10克，大蒜10克。

制作：

（1）鱼杂洗净沥干水，肠切寸段，肝切小坨，鳔剁细，鱼白和鱼子切断。

（2）腌辣椒切细，生姜切丝，大蒜切5分段。

▲ 酸辣鱼杂

（3）茶油入锅烧至泡净，猪油入锅烧化，鱼杂入锅翻炒，放盐，炒至粘锅，放腌辣椒炒，放生姜、大蒜，用水焌边，带少量汤汁出锅。

关键技术：走胆的鱼杂不能用，鱼肠要翻转清洗干净。

菜品特点：鲜香味浓，酸辣爽口。

四十六、丝瓜煮小杂鱼

主料：小杂鱼500克。

相料：丝瓜1000克，红辣椒10克。

调料：茶油50克，猪油30克，盐10克。

香料：生姜 10 克。

制作：

（1）小杂鱼洗净去杂，挤出内脏，清洗血水，沥干水。

（2）丝瓜刨皮切成片，红辣椒去蒂去籽切成小片，生姜切丝。

（3）茶油入锅烧至泡净，猪油入锅烧化，放小杂鱼翻炒，放盐煎至外焦，放宽水煮。

（4）煮至汤白浓稠，放丝瓜、红辣椒入汤翻动。

（5）丝瓜煮熟变软，放姜丝带汤出锅。

▲ 丝瓜煮小杂鱼

关键技术：小杂鱼要去内脏清洗干净。

菜品特点：颜色清爽，汤浓味鲜，丝瓜软滑，杂鱼不腥。

四十七、红薯豆腐煮鱼

主料：草鱼 750 克。

相料：红薯淀粉 400 克。

调料：菜油 100 克，猪油 50 克，盐 10 克，豆豉 20 克，米酒 15 克。

香料：生姜 10 克，香葱 10 克。

制作：

（1）草鱼肉剁成小坨，生姜切末，香葱切花。

（2）锅内放水 600 克，放盐 3 克烧开，红薯淀粉加 800 克冷水调成浆，慢慢滗入锅，同时用筷子顺时针搅动，至浆完全变色熟透，出锅入干净抟箱晾凉，凉透后切成 1.5 厘米的方块。

▲ 红薯豆腐煮鱼

（3）菜油入锅烧至泡净，猪油烧化，放鱼坨入锅翻炒均匀。放盐煎至粘锅，放米酒，放宽水煮，煮至汤白汁浓，下红薯豆腐煮开，放豆豉、姜末、葱花拌匀出锅。

关键技术：红薯豆腐的湿度要适中，要凉透或返生才不会稠汤。

菜品特点：红薯豆腐滑嫩，汤浓味鲜。

四十八、藠子爆石灰泥鳅①

主料：石灰泥鳅 750 克。

相料：藠子 400 克，干辣椒粉 10 克。

调料：茶油 100 克，猪油 30 克，盐 10 克，米酒 10 克。

香料：生姜 10 克。

制作：

（1）将石灰泥鳅洗净，剖肚去内脏，清洗后沥干水。

▲ 藠子爆石灰泥鳅

（2）藠子去皮去蒂拍扁切碎，生姜切末。

（3）茶油入锅烧至泡净，泥鳅入锅翻炒，放盐、米酒，泥鳅小火煎焦后出锅待用，锅里放猪油，放辣椒粉煎香，放藠子炒匀，再放泥鳅拌匀，放少量水将泥鳅焖软，姜末入锅，留有少量汤汁出锅。

关键技术：泥鳅要剖肚去内脏，否则有石灰残留，要煎焦入味。

菜品特点：香气馥郁，鲜辣爽口。

四十九、腌辣椒爆黄鳝

主料：黄鳝 1000 克。

相料：腌辣椒 200 克，蒜薹 200 克。

调料：菜油 100 克，猪油 50 克，盐 8 克，米酒 10 克。

香料：生姜 3 克。

制作：

（1）刀背磕黄鳝头至晕，沿腹部剖开，用刀刮去内脏，去头去尾，鳝背朝上，用刀背锤打卷起来后，切成寸段，洗净沥去血水。

▲ 腌辣椒爆黄鳝

（2）腌辣椒去蒂切碎，蒜薹去花苞洗净切寸段。

（3）菜油入锅烧至泡净，鳝段入锅，放盐 6 克，煎炒。放米酒炒干，鳝段铲出，猪油入锅，放盐 2 克，放蒜薹翻炒，蒜薹炒软，腌辣椒和鳝段入锅翻炒均匀，用少量水

---

① 水稻中耕前，田里撒上石灰，泥鳅翻白死亡。这样的泥鳅叫石灰泥鳅。

焌边，焖 3 分钟透味，放姜末出锅。

关键技术：锤鳝背要将其骨头锤碎，以免食用时硌牙。

菜品特点：酸辣爽口，唇齿留香。

五十、辣椒煮牛蛙

主料：牛蛙 1500 克。

相料：鲜青辣椒 400 克。

调料：茶油 100 克，猪油 50 克，盐 8 克，霉豆腐盐水 10 克。

香料：生姜 10 克。

制作：

（1）牛蛙剥皮，开膛去内脏，去头、爪，清洗后沥干水，剁成块。

（2）辣椒去蒂去籽切成丝，生姜切丝。

▲ 辣椒煮牛蛙

（3）茶油入锅烧至泡净，放猪油烧化，牛蛙肉入锅翻炒，放盐煎炒，至粘锅时放盖面水煮，加霉豆腐盐水，煮至汤白浓稠，下辣椒丝，翻动煮熟煮软，放姜丝，带汤出锅。

关键技术：霉豆腐盐水去腥提鲜。

菜品特点：肉质鲜嫩，香辣味浓。

五十一、螺蛳米麸

主料：螺蛳肉 500 克，大米 200 克。

调料：茶油 75 克，猪油 30 克，干辣椒粉 3 克。

香料：生姜 10 克，香葱 10 克。

制作：

（1）螺蛳肉用盐反复搓洗，用筛子滤洗干净，入开水焯 2 分钟，用滤瓢捞出沥干水。

（2）大米磨成米麸，生姜切末，香葱切花。

（3）茶油入锅烧至泡净，猪油入锅烧化，螺蛳肉入锅翻炒，放盐煎炒至焦香，辣椒粉入锅炒香，放水煮至汤白浓稠。

▲ 螺蛳米麸

（4）米麸加水调成浆，滗入汤内，用筷子沿顺时针搅动，至米麸变色熟透，放姜末、葱花出锅。

关键技术：要用新鲜的铁螺肉，清洗时注意去净螺蛳掩板和泥沙，焯水去泥腥味。

菜品特点：软糯鲜香，肉嫩滑爽。

五十二、腌辣椒爆螺蛳

主料：螺蛳肉 750 克。

相料：腌辣椒 300 克，酸豆角 150 克。

调料：茶油 75 克，猪油 50 克，盐 5 克。

香料：生姜 10 克，大蒜 10 克。

制作：

（1）螺蛳肉洗净，焯水，沥干。

（2）腌辣椒切碎，酸豆角切末，生姜切末，大蒜切五分段。

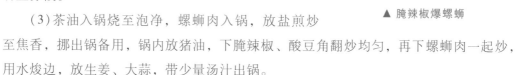

▲ 腌辣椒爆螺蛳

（3）茶油入锅烧至泡净，螺蛳肉入锅，放盐煎炒至焦香，挪出锅备用，锅内放猪油，下腌辣椒、酸豆角翻炒均匀，再下螺蛳肉一起炒，用水焌边，放生姜、大蒜，带少量汤汁出锅。

关键技术：螺蛳肉无沙无杂质无泥巴味，酸辣原料正宗。

菜品特点：酸辣味鲜，爽口留香。

五十三、清蒸甲鱼

主料：甲鱼 1500 克。

调料：猪油 100 克，盐 8 克，胡椒粉 3 克，米酒 10 克，霉豆腐盐水 5 克，荸荠汁 10 克。

▲ 清蒸甲鱼

▲ 米麸蒸甲鱼

香料：生姜 8 克。

制作：

（1）甲鱼宰杀时放尽血，用纸焖火去粗皮，再用开水烫一下去尽表皮杂质，从胸部开膛掏出内脏，取胆汁抹甲鱼背，随即洗净沥干水。

（2）去头、去尾、去爪，甲鱼带骨砍成块，除生姜外所有作料一次性拌进甲鱼块中，腌制 10 分钟，入蒸钵蒸。生姜切末。

（3）甲鱼蒸 40 分钟，坐汽后揭锅盖放姜末拌匀，出锅。

关键技术：甲鱼血要放尽，胆汁抹背去除腥味，荸荠汁助蒸烂。

菜品特点：原汁原味，肉烂汤鲜。

五十四、姜葱焖米虾

主料：米虾 500 克。

调料：菜油 100 克，盐 6 克，辣椒粉 3 克。

香料：姜 10 克，葱 10 克。

制作：

（1）米虾去杂质，清洗干净，入开水汩水，米虾全部呈红色时用滤瓢捞出沥干水。

（2）生姜切末，香葱切花。

（3）菜油入锅去泡沫，米虾入锅放盐炒，放辣椒粉炒香，下姜末、葱花翻炒，放少量水焖干出锅。

▲ 姜葱焖米虾

关键技术：去除泥沙等杂质，剔除不红的米虾。

菜品特点：肉质脆嫩，鲜香爽口。

五十五、芥菜梗子炒牛肉

主料：无皮牛肉 500 克。

相料：芥菜梗子 400 克，青辣椒 20 克。

调料：茶油 100 克，盐 8 克，霉豆腐盐水 5 克，米酒 10 克，芡粉 10 克。

香料：生姜 10 克。

制作：

▲ 芥菜梗子炒牛肉

（1）无皮牛肉洗净沥干水，切成薄片，放芡粉、霉豆腐盐水拌匀。

（2）削去叶子的芥菜梗子洗净，斜刀切成薄片，青辣椒去蒂去籽切菱形，生姜切丝。

（3）茶油入锅烧至泡净，牛肉入锅翻炒，芥菜梗子、青辣椒入锅一同炒，放盐炒至牛肉出水，芥菜梗子变软，放生姜炒均匀，带少量汤汁出锅。

关键技术：芡粉可使牛肉不老，霉豆腐盐水去腥膻。

菜品特点：色泽光亮，肉质软滑，芥菜透鲜。

五十六、清炖牛肉

主料：牛腩肉 1500 克。

调料：茶油 100 克，盐 10 克，干红椒 5 个，八角 2 个，桂皮 10 克，胡椒粉 3 克，米酒 10 克。

香料：生姜 10 克。

制作：

（1）牛肉洗净，切成大块，入锅汩水，牛肉煮熟不见红时捞出，冲洗干净沥干水，汩水汤去面留底，滤出备用。

（2）生姜切米，牛肉切成小坨。

（3）茶油入锅烧至泡净，牛肉入锅翻炒，放盐、米酒再加八角炒，汩水汤入锅，放桂皮、干红椒、胡椒粉炖。

（4）炖至肉香肉烂，捡出桂皮、八角、干辣椒，刮去浮沫，放姜末出锅。

关键技术：肉要烂，无异味。

菜品特点：肉质软烂，汤鲜味美。

五十七、熬牛肉

主料：带皮牛肉 1250 克。

相料：鲜椒 200 克，荸荠 100 克。

调料：茶油 100 克，盐 10 克，米酒 10 克，五香粉 10 克。

香料：生姜 10 克，香菜 20 克。

制作：

▲ 熬牛肉

（1）带皮牛肉在火上烧尽细毛，表皮刮洗干净，牛肉切成块，入锅放水煮，放去皮去蒂切成片的荸荠，放五香粉，煮至用筷子能戳烂，刮去浮沫，捞出牛肉，原汤沉渣后滤出备用。

（2）牛肉切成薄片，生姜切小片，香菜切五分段，鲜椒切菱形片。

（3）茶油入锅烧至泡净，放生姜煎香，牛肉入锅放盐炒，放米酒。炒干后，放原汤

回锅，熬至汤半干，放辣椒翻炒。尚有部分汤汁时，放香菜拌炒均匀出锅。

关键技术：牛皮要干净，浮沫要去净，调料搭配好，荸荠助肉烂。

菜品特点：肉质软烂，味道鲜美，香辣可口。

五十八、清炖山羊肉

主料：带皮山羊肉1250克。

调料：菜油100克，盐10克，米酒10克，八角3个，干辣椒粉3克，霉豆腐盐水10克。

香料：生姜10克，大蒜10克。

制作：

（1）山羊肉烙皮，刮洗干净，砍成中块入锅汩水，刮去浮沫，捞出羊肉，剔去骨头，肉切成薄片。

（2）生姜切成片，大蒜切五分段。

▲ 清炖山羊肉

（3）菜油入锅烧至泡净，羊肉和骨头入锅，放盐炒，放生姜片、八角、辣椒粉、霉豆腐盐水一起炒，出现焦香时，放宽水炖。

（4）炖至软烂，捡出骨头、八角，放大蒜出锅。

关键技术：汩水后羊肉不能下冷水，否则膻味重。

菜品特点：肉质软烂，汤鲜味美。

五十九、米麸蒸鹅

主料：半边鹅肉1250克。

相料：大米200克。

调料：猪油100克，盐15克，米酒10克，胡椒粉3克。

香料：生姜10克。

制作：

（1）鹅肉清洗干净，沥干水，砍成小块。

（2）大米磨成粉，生姜切成末。

（3）猪油入锅烧化，鹅肉入锅放盐炒，放米酒炒至鹅肉油出，熄火，放米麸、胡椒粉拌匀，装入蒸钵，放点水洗锅，洗后浇入蒸钵内鹅肉上，蒸40分钟放姜末出锅。

关键技术：鹅肉炒至油出，肉不腻，油多且米麸香。

菜品特点：肉鲜味美，米麸软糯，透鲜爽滑。

六十、熬兔肉

主料：兔子肉（注：兔子为家养）1250 克。

相料：青、红辣椒各 50 克。

调料：茶油 100 克，盐 8 克，米酒 10 克，霉豆腐盐水 10 克，桂皮 10 克。

香料：生姜 10 克，大蒜 10 克。

制作：

（1）兔肉烧毛刮洗干净，砍成中块，锅内放水，兔肉入锅，放桂皮汆水，刮去浮沫捞出，剔除骨头，肉切薄片。

（2）青、红椒去蒂去籽切成丝，生姜切丝，大蒜切五分段。

（3）茶油入锅烧尽泡沫，兔肉入锅放盐炒，放米酒，水盖面熬煮，加霉豆腐盐水，汤水剩三分之一时，放辣椒入锅翻匀。剩少量汤汁时，放生姜丝、大蒜翻炒出锅。

关键技术：兔肉腥味重，原汤不要；霉豆腐盐水去腥提鲜。

菜品特点：肉质软嫩，香辣适口。

六十一、海带冻

主料：干海带 500 克，杂骨 1000 克，肉皮 500 克。

相料：干辣椒粉 2 克。

调料：盐若干。（试味时放盐）

香料：生姜 5 克。

制作：

（1）干海带用温水泡发 1 小时，洗净海带表面泥沙和矾渍，晾干水。

（2）将晾干水的海带切成 5 厘米长、1 厘米宽的小片，入开水锅里汆水 10 分钟，捞出入冷水清洗，捞出沥干待用。

▲ 海带冻

（3）杂骨清洗干净；肉皮去表面污物，清洗后与杂骨一同入锅汆水 2 分钟后捞出。

（4）生姜去皮洗净切成米。

（5）汆水后的杂骨、肉皮入大锅，放宽水炖煮，先大火烧开 20 分钟，再改小火炖 40 分钟。

（6）另起锅，放入海带、辣椒粉、生姜米、适量盐，滗出杂骨肉皮汤入锅炖。

（7）炖 20 分钟后熄火。海带带汤出锅，入钵或盆自然冷却结冻，待吃时用瓢舀出入盘(碗)上桌。

关键技术：要选青色肉厚、有拉劲的海带，否则海带会炖成泥。成菜不能有小碎骨渣，避免伤牙。食物结冻后会显得淡一些，适当多放盐。此菜为季节菜，旧时没有冰箱，适宜深秋到初春阶段食用。

菜品特点：软滑清爽，下酒好料。

六十二、香辣山羊肉

▲ 香辣山羊肉

主料：去皮山羊肉 750 克。

相料：藠子 50 克，干红椒 25 克。

调料：茶油 75 克，盐 8 克，米酒 10 克，八角 3 个，霉豆腐盐水 10 克。

香料：生姜 20 克，香葱 10 克。

制作：

(1)山羊肉洗净汨水，放八角，放米酒 5 克，汨至血水净，刮去浮沫，捞出，切成片。

(2)藠子去皮去蒂拍碎切细，干红椒去蒂去籽切细。

(3)茶油入锅去泡沫，山羊肉入锅炒，干红椒、藠子依次入锅放盐炒香，放米酒、霉豆腐盐水，放姜丝、香葱炒匀出锅。

关键技术：主要是去腥膻味。

菜品特点：肉嫩味美，香辣爽口。

六十三、抻辣椒

主料：青辣椒 750 克。

调料：食盐 3 克。

香料：大蒜子 3 粒。

制作：

(1)青辣椒洗净沥干，去蒂。

(2)铁锅煮饭煮开 10 分钟，揭开锅盖，用筷子在饭里插若干孔，将辣椒置于饭面上，盖好锅盖，用半干布巾沿锅盖周围盖好。冲饭火上大汽 2 分钟熄火。

(3)大蒜子拍碎剁成泥，放入钵(碗)中。再冲一次饭火，上汽后立即熄火，5 分钟后揭锅盖，捡出断生辣椒入钵(碗)，放盐。

(4)用刀把底部或一把筷子的一头，上下抻辣椒成泥，即可端上桌食用。

关键技术：用秋前和初秋的辣椒，肉厚皮薄籽少，过季辣椒抽起都是皮和籽。把握蒸的时间，在锅里捂得太久，辣椒会变黄。作为地道家常菜，可以放油，但一般不放油。

菜品特点：咸辣清爽，下饭好菜。

▲ 抻辣椒

六十四、椿叶焖（炒）蛋

主料：椿叶 500 克，鸡蛋 4 个。

调料：茶油 25 克，猪油 50 克，盐 2 克。

制作：

（1）椿叶洗净沥干水。

（2）去掉椿叶蒂，将粗梗部分直切为二，再将椿叶码齐，切细。

（3）鸡蛋磕入碗，放盐，充分搅散搅匀。

（4）炒菜锅洗净，放茶油烧热去泡，再放猪油烧化。

（5）切好的椿叶入锅翻炒均匀断生，放入蛋液，翻炒熟透，用锅铲压平出锅。

关键技术：用清明前的椿叶最好。保持本色本香，不加相料和调料。蛋液放得多，炒熟踏平成块，叫作椿叶焖蛋；蛋液放得少，炒熟的椿叶稀散，叫作椿叶炒蛋。

菜品特点：香椿脆嫩，清爽可口。

▲ 椿叶炒蛋

六十五、茄子鲊笼腊鱼

主料：腊鱼 300 克。

相料：干茄子鲊 150 克，肥膘油渣 30 克。

调料：猪油 50 克，盐 2 克，豆豉 100 克，麻油 10 克，米汤 200 克。

香料：生姜 5 克，蒜子 5 粒。

制作：

（1）腊鱼用手撕成小块，去刺，装碗。饭开时，滗米汤 150 克，浇腊鱼上，鱼碗放入饭面上笼，饭熟后，将腊鱼碗端出自然冷却。

（2）干茄子鲊水发五成，切成寸段，生姜切末，蒜子拍碎切成泥。

（3）猪油入锅烧化，茄子鲊放盐炒，放冷却的腊鱼、油渣、豆豉、蒜泥拌炒，装

碗。米汤 100 克浇入鱼碗，饭开时，将鱼碗置再放饭面上笼，饭熟后往腊鱼上撒姜末，放麻油拌和出锅。

关键技术：腊鱼属慢干慢发，一次不能笼发，待冷却后笼第二次，放米汤水使腊鱼回软不柴，增加米香和提鲜。

菜品特点：鱼酥茄软，香辣爽口。

六十六、笼腊菜

▲ 笼腊菜

主料：腊肉 500 克。

调料：干辣椒粉 2 克。

香料：蒜子 3 粒。

制作：

（1）腊肉不需改刀，直接装碗，用水打湿，撒上辣椒粉，放饭面上笼。

（2）蒜子去皮去蒂，拍碎剁成泥。

（3）饭坐汽后揭盖，蒜泥撒腊肉上，用筷子拌匀出锅。

关键技术：明火烤好的小块腊肉，不需清洗。只需用水打湿，饭火要冲三次以上。

菜品特点：肥而不腻，香辣爽口，唇齿留香，回味悠长。

六十七、芋头梗子蒸腊大肠

▲ 芋头梗子蒸腊大肠

主料：腊猪大肠 400 克。

相料：干槟榔芋梗子 200 克。

调料：猪油 50 克，盐 3 克，豆豉 100 克，麻油 10 克。

香料：蒜子 5 粒。

制作：

（1）腊大肠温水冲洗沥干水，切成 5 分段。

（2）干槟榔芋梗子水发五成，挤干水；蒜子拍碎剁成泥。

（3）猪油下锅融化，放芋头梗子，放盐炒，放猪大肠、豆豉、蒜泥炒匀，装入蒸碗。

（4）蒸碗进蒸锅，大火蒸 30 分钟，放麻油拌匀出锅。

关键技术：芋头梗子不能事先发透，出锅放麻油增香。

菜品特点：肉质熏香，芋头梗子软滑，味道鲜美，回味无穷。

六十八、腊菜"十小"

▲ 腊猪嘴

▲ 腊猪脸

▲ 腊猪耳

▲ 腊猪心

▲ 腊猪肝

▲ 腊猪尾巴

▲ 腊鸡胗

▲ 豆腐丸子

▲ 盐蛋

▲ 酸豆角

祁东宴席最高规格是"十大""十小"。"十大"是八大碗主菜、两碗随菜，"十小"又叫腊菜碟子，对应十大菜，前八碟对应八大碗主菜，后两碟对应两碗随菜。

主料：腊猪耳1个，腊猪嘴1个，腊猪心1个，腊猪肝200克，腊猪脸200克，腊猪尾巴1个，腊鸡胗4个，豆腐丸子1个，盐蛋2个，酸豆角若干。

制作：

(1)所有腊菜用水打湿，上蒸笼蒸5分钟取出，热水冲洗干净沥干水。

(2)每一种腊制品都上蒸笼，蒸一刻钟后取出晾凉，每一品种切成块(条)装小碟。

(3)豆腐丸子上蒸笼，蒸10分钟取出晾凉，切成片装小碟。

(4)盐蛋剥壳，一分为四，装小碟。

关键技术：一是要蒸发，二要切均匀。

菜品特点：熏腊鲜香，下酒好料。

六十九、石灰水蒸蛋

主料：鸡蛋 3 个。

调料：猪油 10 克，盐 5 克，石灰 20 克。

香料：生姜 5 克。

制作：

（1）生石灰入大菜碗，加水至碗满，搅动石灰，自然沉淀至水清，刮去面上浮皮，滗出清水至另一只碗继续沉淀，刮出浮皮，再滗出清水，再次沉淀，滗出清石灰水备用。生姜切末。

▲ 石灰水蒸蛋

（2）鸡蛋磕入碗内，放盐、猪油，用筷子充分搅拌均匀，放已滤清的石灰水 350 克，搅匀。

（3）蒸锅内放水烧开，放入支架，蛋碗置于支架上，盖锅盖蒸 10 分钟，撒姜末出锅。

关键技术：石灰水要刮面去底滗清，否则有涩味，蒸锅内的水先烧开再放蒸蛋碗，搅动后迅速加盖，蛋白不沉底。

菜品特点：蒸蛋清香，嫩滑爽口。

七十、韭菜踏蛋

主料：鸡蛋 8 个。

相料：韭菜 100 克。

调料：猪油 50 克，盐 4 克，豆豉 50 克。

香料：生姜 5 克。

制作：

（1）韭菜切花，生姜切末。

（2）猪油分次入锅烧化，每次磕入鸡蛋 1 个，待定型后，用锅铲翻转，用铲底部压踏，待蛋踏熟透后铲出。再踏第 2 个鸡蛋，踏好的蛋全部回锅，放盐翻

▲ 韭菜踏蛋

炒。豆豉放少量水搅匀，淋至蛋上翻动后焖煮，再放韭菜、姜末翻动，收汁，剩少量汤汁时出锅。

关键技术：踏蛋如扁荷包，蛋白不破，蛋黄不散。

菜品特点：蛋品焦香，鲜香爽口。

七十一、饺儿蛋

▲ 饺儿蛋

主料：鸡蛋 4 个，红薯淀粉 100 克。

相料：黄泥萝卜 50 克，五花肉 100 克，酸辣椒 50 克，酸豆角 100 克，蒤子 50 克，香菇 10 克。

调料：猪油 100 克，茶油 50 克，盐 2 克。

香料：生姜 5 克，香葱 5 克。

制作：

（1）五花肉剁成泥，黄泥萝卜、酸辣椒、酸豆角切成末，蒤子去皮去蒂拍碎切细，香菇漂洗后切末，生姜切末，香葱切花。

（2）茶油入锅烧至泡沫净，下香菇煎香，下蒤子、肉泥一起炒，放 1 克盐、30 克猪油，放黄泥萝卜、酸豆角、酸辣椒翻炒，放少量水焖 5 分钟，放姜末、葱花。

（3）鸡蛋磕入碗，用筷子搅散，放红薯淀粉，加 150 克水，放 1 克盐充分搅匀成浆。

（4）平底锅放猪油烧热，舀一个饺儿皮的蛋浆入锅，成 10 厘米直径的蛋饺皮，刚定型时放馅，馅放一边，另一边折转包起来，用锅铲将蛋边压紧，逐个煎好摆盘。

关键技术：蛋饺边要能粘合，须掌握火候，如一次没粘上，补救措施是揭开上边口，浇上蛋浆煎熟使之合拢。

菜品特点：香辣酸脆，爽口开胃。

七十二、金钱蛋

▲ 金钱蛋

主料：鸡蛋 8 个。

调料：猪油 100 克，盐 4 克，豆豉 10 克，芡粉 20 克。

香料：香葱 10 克。

制作：

（1）锅内放水煮开，放鸡蛋煮熟，捞出入冷水，浸凉，剥壳，横切薄片如金镶玉钱币。

（2）香葱切花，芡粉放少量水调成浓浆。

（3）平底锅放猪油烧热，蛋片两面粘上浆入锅煎黄，转入炒菜锅。碗里放盐、豆豉、少量水搅和成豆豉水，入锅翻动，收汁后撒葱花出锅。

关键技术：水烧开后放蛋入锅叫滚蛋，滚蛋的特点是蛋壳均匀受热，蛋黄在正中不偏边。切时用刀拉，或用缝衣线拉，防止切后黄白分离。

菜品特点：外形美观，焦香辣爽。

七十三、苋菜焖蛋

主料：鸡蛋 5 个。

相料：嫩苋菜 750 克。

调料：猪油 75 克，盐 8 克。

香料：蒜子 3 粒。

制作：

（1）嫩苋菜去杂，去须留根，洗净沥干，苋菜一根根齐蔸，切细如米。

（2）蒜子去皮拍碎，剁成泥。

（3）鸡蛋磕入碗，用筷子搅散成糊。

（4）猪油入锅烧化，放苋菜、盐、蒜泥炒熟，鸡蛋糊入锅翻炒，边炒边压平，呈块状出锅。

▲ 苋菜焖蛋

关键技术：用嫩柳叶苋，老苋菜带筋有涩味，根要洗净。

菜品特点：时令菜品，鲜嫩爽口。

七十四、藠子炒蛋

主料：鸡蛋 4 个。

相料：藠子 500 克，鲜红椒 50 克。

调料：猪油 75 克，盐 6 克。

香料：生姜 8 克。

制作：

（1）藠子去皮去蒂，洗净沥干水，拍碎切细。鲜红椒去蒂去籽切细，生姜切末。

（2）鸡蛋磕入碗，放盐 2 克，搅散。

（3）平底锅放 25 克猪油烧化，鸡蛋入锅淌均匀，定型后簸动翻边，熟透后用筷子扒成小块或出锅切成小块。

▲ 藠子炒蛋

（4）猪油入锅烧化，藠子、红椒入锅放盐翻炒至熟，蛋块入锅翻炒均匀，放姜末出锅。

关键技术：蛋块入锅拌匀后放少量水，是为透味。

菜品特点：颜色鲜亮，辣香味美。

七十五、豆腐干子炒肉

▲ 豆腐干子炒肉

主料：五花肉 400 克。

相料：豆腐干子 300 克。

调料：猪油 75 克，盐 8 克。

香料：生姜 8 克，香葱 10 克。

制作：

（1）豆腐干子入锅放盐整水，刮去浮沫，捞出冲洗，沥干水，切成薄片。

（2）五花肉洗净沥干水，切成薄片。

（3）生姜去皮切末，香葱切花。

（4）50 克猪油入锅，油化后放豆腐干子翻煎，煎黄后出锅；放猪油 25 克，待六成热时放肉片翻炒，至五花肉出油，放盐、豆腐干子片回锅翻炒，放少量水焖 3 分钟，放姜末、葱花出锅。

关键技术：豆腐干子整水去石膏水味，放水焖是使肉味透进豆腐干子。

菜品特点：鲜香可口，老少皆宜。

七十六、韭菜焖水豆腐

▲ 韭菜焖水豆腐

主料：水豆腐 600 克（两块）。

调料：猪油 50 克，盐 4 克，豆豉 20 克。

香料：韭菜 20 克，生姜 8 克。

制作：

（1）韭菜洗净沥干水，切花；生姜切末。

（2）猪油入锅烧化，左手托水豆腐一块于掌上，右手用刀将豆腐一分为二，再切成厚度为 2 厘米的片状块，入锅煎。

（3）豆腐片均匀地贴锅，撒盐于其上。

（4）待豆腐片煎黄时，将豆豉与 300 克的水搅匀，下入锅中焖煮，用锅铲铲动豆腐，剩余三分之一汤汁时，撒入葱花、生姜拌匀出锅。

关键技术：煎、焖时间长才能去豆腐的石膏水味。

菜品特点：豆腐滑嫩，鲜香爽口。

七十七、炒霉豆渣

主料：霉豆渣饼 400 克。

调料：猪油 50 克，盐 4 克，辣椒粉 3 克。

香料：韭菜 5 克。

制作：

（1）霉豆渣饼切成薄片，韭菜切花。

（2）猪油入锅烧化，霉豆渣入锅翻炒，放盐、辣椒粉炒香，放水焖。

（3）将近焖干时，放葱花拌匀出锅。

关键技术：炒香焖发，霉豆渣品质要正。

菜品特点：豆渣滑爽，鲜香可口。

▲ 炒霉豆渣

七十八、营养三合汤

主料：瘦肉 250 克，鸡蛋 6 个，干黄花菜 200 克。

相料：荸荠 5 个。

调料：猪油 50 克，盐 10 克，胡椒粉 3 克，骨头汤 500 克。

香料：生姜 8 克，香葱 10 克。

制作：

（1）瘦肉剁成泥，荸荠去皮去蒂切细，放盐 2 克，一起拌匀剁成泥，捏成直径 2 厘米的丸子。

（2）黄花菜水发 5 成，挤干，去硬蒂，切成两段。

（3）生姜去皮切末，香葱切花。

▲ 营养三合汤

（4）猪油入锅烧化，放黄花菜、盐炒干入味铲出。放骨头汤入锅，加放冷水 800 克，烧至半开磕鸡蛋入锅，放盐，放胡椒粉，下入肉丸，肉丸浮起后黄花菜煮开时，放生姜、葱花出锅。

关键技术：鸡蛋定型后要用锅铲移动，不然会煮散。

菜品特点：肉丸松软，鸡蛋嫩滑，黄花菜劲道，营养味美。

七十九、香辣三合炒

▲ 香辣三合炒

主料：肥肉油渣 200 克，鸡蛋 3 个，小杂鱼干 200 克。

相料：藠子 100 克，酸辣椒 200 克。

调料：茶油 50 克，猪油 50 克，盐 4 克，豆豉 15 克。

香料：生姜 8 克，大蒜 10 克。

制作：

（1）藠子去皮去蒂拍碎切细，酸辣椒去蒂切细，生姜切丝，大蒜切 5 分段。

（2）茶油入锅烧至泡沫净，小杂鱼干用水打湿后入锅翻炒，放盐 1 克，翻炒出锅备用。鸡蛋磕入碗放盐 1 克，用筷子搅散，鸡蛋入锅摊平，翻转，两面煎黄出锅，切成小片待用。锅洗净，放猪油入锅，烧化后放冷油渣炒热，放盐 1 克，翻炒后出锅待用。藠子入锅放盐 1 克炒香，酸辣椒入锅翻炒，再将小杂鱼、鸡蛋片入锅，放豆豉拌炒均匀，放少量水焖 1 分钟，再放油渣、姜丝、大蒜拌匀出锅。

关键技术：油渣、鸡蛋、小杂鱼、藠子都要分别入味。油渣要用肥肉油渣。

菜品特点：蛋鲜鱼香油渣脆，酸辣爽口味道美，下酒送饭都适宜。

八十、油渣蒸芋头梗

▲ 油渣蒸芋头梗

主料：干芋头梗 200 克，油渣 200 克。

调料：猪油 50 克，盐 4 克，豆豉 50 克。

香料：大蒜子 20 克。

制作：

（1）芋头梗水发五成，沥干水，大蒜子去皮去蒂剁成泥。

（2）猪油入锅烧化，冷油渣入锅炒香出锅待用，芋头梗入锅炒，放盐，炒干芋头梗水汽，豆豉放水 100 克调匀后入锅，翻炒焖 2 分钟，放大蒜泥拌匀，装入蒸碗，油渣均匀撒芋头梗上，入蒸锅，大火上汽 5 分钟，改小火再蒸 10 分钟，坐汽后出锅，将油渣拌匀。

关键技术：芋头梗要清洗干净，忌带沙，不能发得太透，可用板油、水油和鸡冠子油的油渣。

菜品特点：芋头梗柔软，豉香爽口。

八十一、雷公屎肉泥

主料：瘦肉 150 克，鲜雷公屎 750 克。

相料：红辣椒 15 克。

调料：猪油 50 克，盐 8 克，霉豆腐盐水 10 克，骨头汤 300 克。

香料：大蒜子 5 粒。

制作：

▲ 雷公屎肉泥

（1）宽水漂洗雷公屎，去除杂质。放盐抓洗去沙，锅内放水烧开，雷公屎入锅焯水，焯水后再漂洗沥干。

（2）瘦肉剁成肉泥，红辣椒去籽去蒂切成末，大蒜子去蒂去皮剁成蒜泥。

（3）猪油入锅烧化，放肉泥翻炒，放雷公屎，放盐，放霉豆腐盐水，放红辣椒末，放骨头汤焖煮 3 分钟，放蒜泥带汤汁出锅。

关键技术：雷公屎要清洗净，放盐抓洗、焯水方能去沙。

菜品特点：菜品清爽，汤鲜味美。

八十二、煮萝卜丝

主料：鲜萝卜 1000 克。

相料：红辣椒粉（俗名"辣椒灰"）2 克。

调料：猪油 50 克，盐 8 克，骨头汤 300 克。

香料：生姜 8 克，大蒜 10 克。

制作：

▲ 煮萝卜丝

（1）萝卜洗净，去蒂去须根，横切薄片，再切丝，或用萝卜擦子将萝卜擦成丝，生姜切丝，大蒜切五分段。

（2）猪油入锅烧热，萝卜丝入锅炒，放盐、红辣椒粉炒匀，放骨头汤煮。

（3）煮熟煮软后放生姜、大蒜出锅。

关键技术：切丝均匀，辣椒粉少不了。

菜品特点：萝卜软嫩，清香辣鲜。

八十三、出锅粉

▲ 出锅粉

主料：红薯粉 750 克。

调料：热猪油 25 克，盐 4 克，豆豉 10 克，热鸡汤 30 克。

香料：生姜 8 克，香葱 5 克。

制作：

（1）加工红薯粉丝：完成前期的明矾配比、调糊头、揉粉子等工序后，粉坨子进瓢，捶打出粉条入沸水锅。

（2）生姜切末，香葱切花，油、盐、豆豉、鸡汤全部入碗搅匀。

（3）沸水锅里粉丝上浮，用漏瓢捞起剪断，直接入配料汤碗拌匀入味即上桌。

关键技术：红薯粉丝煮熟后不沾生水，直接入碗入味。不放汤就是热干粉。

菜品特点：粉丝软滑有劲道，香辣味鲜粘嘴巴。

八十四、煮槟榔芋

▲ 煮槟榔芋

主料：槟榔芋 1000 克。

调料：猪油 30 克，盐 1 克，豆豉 10 克。

香料：大蒜 10 克。

制作：

（1）槟榔芋去皮，去根眼和烂疤，洗净后切成 2 厘米的方坨，大蒜切五分段。

（2）猪油入锅烧热，下槟榔芋翻炒放盐，放水盖面加锅盖大火煮，闻到芋头香气后揭盖翻动，放豆豉、大蒜，收汁后出锅。

关键技术：煮熟才能揭盖，提前揭盖芋头麻口，或不盖锅盖煮不存在麻口；水定要盖面，水不盖面芋头煮不熟。

菜品特点：槟榔芋粉糯，清香味浓。

八十五、清炒丝瓜

主料：丝瓜 1500 克。

相料：鲜红辣椒 1 个。

调料：猪油 50 克，盐 6 克。

香料：大蒜子 3 粒。

制作：

（1）丝瓜刨皮去蒂，滚刀切削成坨。

（2）红辣椒切成末，蒜子去皮拍碎剁成泥。

（3）猪油入锅烧热，丝瓜入锅炒，放 100 克水和
红辣椒炒，炒至七成熟，放盐和蒜泥出锅。

关键技术：放水炒不煳锅，早放盐汤会变黑，只
炒七成熟。

菜品特点：颜色光爽，肉质软滑。

▲ 清炒丝瓜

八十六、腌大头菜蒸腊鱼

主料：刨腊鱼 400 克。

相料：腌大头菜 300 克。

调料：猪油 75 克，豆豉 50 克，米酒、麻油各 5 克。

香料：大蒜子 10 克。

制作：

（1）刨腊鱼手撕成块，去大刺。

（2）腌大头菜清水洗，沥干水，切细。大蒜子去
皮拍碎剁成泥。

（3）50 克猪油入锅烧热，放腊鱼翻炒煎香，放米
酒炒干出锅待用。25 克猪油入锅烧热，大头菜入锅炒

▲ 腌大头菜蒸腊鱼

香，放腊鱼、豆豉和蒜泥，拌和均匀，沿锅边焌水 100 克，收汁后装蒸碗。

（4）鱼碗入蒸锅，大火上汽 20 分钟，坐汽后出锅放麻油拌匀。

关键技术：放猪油使大头菜香软，麻油为腊鱼增香。

菜品特点：腊鱼酥软，大头菜透味。

八十七、清炒黄花菜

主料：鲜黄花菜 750 克。

▲ 清炒黄花菜

调料：猪油 25 克，盐 6 克。

制作：

(1)黄花菜去硬蒂，漂洗后沥干水，齐整后刀切两段。

(2)猪油入锅烧化，黄花菜入锅翻炒，放水 20 克，断生后放盐炒匀出锅。

关键技术：放点水炒不煳锅。黄花菜熟透。

菜品特点：本色本味，清香脆爽。

八十八、熬茄子

▲ 熬茄子

主料：茄子 1000 克。

相料：青、红辣椒各 10 克，大蒜子 10 克。

调料：猪油 50 克，盐 6 克。

制作：

(1)茄子洗净去把，每个茄子表面打花刀后切成四股，放水盆里泡 15 分钟，捞出后入锅隔水蒸，大火蒸 15 分钟左右，蒸熟待用。

(2)茄子把去内筋，洗净切成末，青、红辣椒去蒂去籽切成米，大蒜子剁成泥。

(3)猪油入锅烧热，放辣椒米、蒜泥、茄子把末、盐翻炒，炒香炒熟，蒸锅内取出熟茄子入锅，锅铲将茄子捣碎成泥，拌匀出锅。

关键技术：忌用老茄子，老茄子籽多皮硬。

菜品特点：肉质细软，清香鲜辣。

八十九、熬豆角

▲ 熬豆角

主料：豆角 1000 克。

相料：青、红辣椒各 10 克，生姜 8 克。

调料：猪油 50 克，盐 6 克。

制作：

(1)豆角去蒂去筋，洗净后上蒸笼蒸 15 分钟左右，熟透待用。

(2)青、红辣椒去蒂去籽切成末，生姜去皮切成末。

(3)猪油入锅烧化，放青、红辣椒炒熟，放盐，豆角出笼入炒锅，锅铲铲断豆角，再捣碎，大部分成泥状，放生姜出锅。

关键技术：选用老豆角，老豆角籽粉可揿成泥，但要去筋。嫩豆角煮熟变硬，揿不成泥。

菜品特点：肉质粉软，鲜辣清香。

九十、踏辣椒

主料：青辣椒 750 克。

调料：茶油 75 克，盐 6 克，豆豉 10 克。

香料：生姜 8 克。

制作：

▲ 踏辣椒

(1)青辣椒洗净，去蒂，拍扁，手抓去籽，去籽辣椒入盆放盐抓匀，腌 15 分钟。

(2)生姜切成米粒大小。

(3)茶油入锅烧至泡沫净，放辣椒入锅翻炒踏压，炒软断生时，豆豉兑 20 克水调匀入锅，翻炒收汁放姜米出锅。

关键技术：选肉厚皮黑的青辣椒，要断生入味才不会太辣。

菜品特点：色青油亮，咸辣可口。

九十一、油焖烟笋

主料：泥发烟笋 1000 克。

调料：猪油 50 克，盐 6 克，豆豉 20 克，骨头汤500 克。

香料：生姜 8 克，大蒜 10 克。

制作：

▲ 油焖烟笋

(1)泥发烟笋洗净，去净笋衣，去根部老的部分，横切成片，冲洗后入锅煮开，让其自然冷却，再次涨发，再次冲洗，沥干水，生姜去皮切末，大蒜切五分段。

(2)猪油入锅烧化，笋子入锅翻炒，炒干水分，放盐，放豆豉炒匀，放骨头汤焖煮，剩少量汤汁时放姜末、大蒜炒匀出锅。

关键技术：一是去掉烟笋蔸部粗纤维部分，二是要上油入味去水味，三是笋子不直切。

菜品特点：油光发亮，香辣爽脆。

九十二、小笋炒肉

▲ 小笋炒肉

主料：猪肉150克，去壳鲜小笋600克。

相料：木葱50克。

调料：猪油50克，盐6克。

香料：生姜8克。

制作：

（1）猪肉洗净切小片。

（2）小笋去壳去掉老根部，拍碎切五分段，木葱洗净去须切五分段，生姜去皮切丝。

（3）猪油入锅烧热，猪肉入锅炒至出油，放盐2克炒，出锅待用；笋子入锅炒，放盐4克，放水20克，笋子炒熟放猪肉入锅拌匀，放木葱段、姜丝炒匀出锅。

关键技术：笋子要爆炒熟透无生味、涩味，去根部粗纤维。

菜品特点：笋脆肉嫩，清香爽口。

九十三、炒蕨菜

▲ 炒蕨菜

主料：鲜蕨菜750克。

调料：植物油50克，盐5克，豆豉10克，白醋20克。

香料：大蒜子10克。

制作：

（1）蕨菜去花、去反蕨，去根部粗纤维化的部分，入水揉搓去表面粉状物，入沸水焯水，捞出后入冷水冷却。

（2）冷却后的蕨菜手撕为两边，切寸段，入盆放水盖面，放白醋10克，翻动后浸泡半小时，捞出沥干，大蒜子去皮去蒂切丝。

（3）植物油入锅烧热，蕨菜入锅翻炒上油，放盐、白醋翻炒，放豆豉、蒜丝出锅。

关键技术：反蕨味苦，筋生反面，需去掉；杀青手撕，加醋才脆。

菜品特点：颜色清爽，酸脆香辣。

九十四、黄雀肉

主料：面粉 500 克，瘦肉 100 克。

配料：白糖 150 克，盐 1 克，植物油 1000 克（实际用 100 克）。

制作：

（1）瘦肉剁成泥。

（2）面粉加适量水拌和，瘦肉放 200 克水调成浆拌入，放白糖和盐，反复揉压无死面，饧发半小时。

（3）植物油入锅烧开，手捏抓鸡蛋大小面坨，依次下锅，炸至焦黄熟透，捞起沥油装盘。

关键技术：糖提鲜，盐增甜，糖、盐的用量要适当。

甜品特点：外焦内软，香甜可口。

▲ 黄雀肉

九十五、红糖煮红枣

主料：红枣 500 克，红糖 200 克。

配料：生姜 1 克。

制作：

（1）红枣洗净入锅，加水 1000 克，煮至枣皮鼓胀，刮去浮沫，放红糖后续火，煮至糖水半干。

（2）生姜切成末，撒入锅，出锅。

关键技术：红枣要去沙，浮沫要刮净，要剔除死枣，死枣煮不发。

甜品特点：枣肉软烂，甜度适中。

▲ 红糖煮红枣

九十六、冰糖莲子羹

主料：去芯莲子 400 克，冰糖 200 克。

制作：

（1）去芯白莲用温水泡一刻钟，捞出盛温水蒸钵中，入蒸笼蒸发蒸烂滤去水待用。

（2）冰糖入沸水锅溶化，莲子入锅烧开出锅。

关键技术：不能有黄色莲子，黄色莲子煮不烂。

▲ 冰糖莲子羹

甜品特点：莲子颗粒完好，香甜松软。

▲ 白木耳莲子羹

九十七、白木耳莲子羹

主料：白木耳50克，去芯白莲400克。

配料：白糖150克，胡椒粉1克，盐1克。

制作：

(1) 白木耳水发2小时，去蒂洗净，焯水捞出，温水冲洗沥干。

(2) 去芯白莲温水发一刻钟，捞出放入蒸碗，放盖面温水，上蒸笼蒸发蒸烂，滤干水。

(3) 白木耳入锅放温水1000克，煮开5分钟，放糖、胡椒粉、盐，放莲子入锅煮开3分钟出锅。

关键技术：莲子要蒸发熟透，白木耳要清洗干净。

甜品特点：白木耳爽脆，莲肉粉软，甜度适中。

▲ 甜酒桂圆肉

九十八、甜酒桂圆肉

主料：桂圆肉400克，甜酒500克。

配料：白糖100克，生姜3克。

制作：

(1) 桂圆肉泡发，去壳去杂质，清洗干净捞出沥干水。生姜切成末

(2) 锅内放水1000克，桂圆肉煮发，放甜酒、白糖煮开，下生姜末出锅。

关键技术：桂圆肉洗净煮发。

甜品特点：桂圆肉脆，汁甜酒香。

▲ 红糖荔枝羹

九十九、红糖荔枝羹

主料：干荔枝750克。

配料：红糖200克。

制作：

(1) 干荔枝去壳去蒂，荔枝肉入水漂洗干净，沥干水。

(2) 锅内放水1000克，入荔枝肉煮发，放红糖煮开出锅。

关键技术：荔枝要去壳去屑。

甜品特点：荔枝肉带核，甜度适中。

一百、红糖糯米饭

主料：熟糯米 800 克。

配料：猪油 25 克，红糖 200 克，盐 0.5 克，胡椒粉 1 克。

制作：

（1）饭锅洗干净，放猪油涂遍锅底，放水 800 克烧开。

（2）熟糯米去糠去杂，淘洗去沙，淘净后在水中捞米入锅，米全部入锅用锅铲铲动，盖紧锅盖。饭香坐汽后揭盖，红糖、盐、胡椒粉均匀撒入锅内，用锅铲或擂棒搅拌均匀，上下左右搅动，使糯米饭成泥状即可。

▲ 红糖糯米饭

关键技术：锅要洗干净，烧热后放油不煳锅；冷水煮糯米饭会包浆。

甜品特点：软糯滑爽，香甜可口。

第二节 酒席菜谱

一、逢一酒菜谱

四手碟：炒花生、炒葵花籽、纸包糖、花根。

位上鱼汤面条。

十冷碟（又叫"干菜碟子"）：腊猪肝、腊鸡胗、腊猪心、腊猪耳、腊猪舌、腊猪嘴、腊猪尾、腊猪脸、豆腐丸子、酸豆角。

八热菜：杂烩、扣肉、头牲、拆鱼、髈肉、莲子羹、油焖烟笋、炖猪肚。

二随菜：茄子鲊蒸腊鱼、酸豆角焖蛋。

▲ 逢一酒手碟

▲ 位上鱼汤面条

▲ 十冷碟

▲ 杂烩

▲ 扣肉

▲ 头牲

▲ 拆鱼

▲ 髈肉

▲ 莲子羹

▲ 油焖烟笋

▲ 炖猪肚

▲ 茄子鲊蒸腊鱼

▲ 酸豆角焖蛋

二、讨亲酒菜谱（一）

四手碟：炒花生、炒葵花籽、纸包糖、时令水果。

位上鱼汤面条。

八热菜：杂烩、扣肉、头牲、拆鱼、髈肉、红枣桂圆、油焖烟笋、炖猪肚。

二随菜：辣椒爆肉、冻鱼。

三、讨亲酒菜谱（二）

二手碟：炒花生、炒葵花籽。

十冷碟：腊猪舌、腊猪肝、腊猪耳、腊猪嘴、腊猪心、腊猪尾、腊鸡胗、腊猪肚、黄泥萝卜、干鱼仔。

八热菜：杂烩、扣肉、头牲、拆鱼、髈肉、莲子羹、炖海带、炖羊肉。

二随菜：杀猪菜、辣椒爆鱼仔。

四、花桌酒菜谱

二手碟：炒花生、炒葵花籽。

八热菜：杂烩、扣肉、头牲、拆鱼、髈肉、黄雀肉、清炒海带、炒猪肝。

二随菜：葚子焖蛋、腌辣椒炒肉。

五、三朝酒菜谱

四手碟：炒花生、炒葵花籽、纸包糖、雪糕。

八热菜：杂烩、扣肉、红鸡蛋（每桌8个）、拆鱼、髈肉、红枣莲子羹、清炒海带、炖猪肚。

二随菜：辣椒爆肉、酸豆角炒鸡杂。

六、丧葬酒菜谱

三手碟：炒花生、炒葵花籽、时令水果。

八热菜：杂烩、扣肉、头牲、拆鱼、髈肉、白糖煮汤圆、油焖烟笋、炖猪脚。

三随菜：焖水豆腐、素炒坛子菜、辣椒炒油渣。

七、上梁酒席菜谱

二手碟：炒花生、炒葵花籽。

位上肉汤面条。

八热菜：杂烩、扣肉、头牲（其中工匠师傅的桌子上每人一个鸡腿）、拆鱼、髈肉、红糖糯米饭、油焖烟笋、炖猪脚。

二随菜：豆豉蒸小鱼干、辣椒熬拆骨肉。

八、清明会酒席菜谱

二手碟：炒花生、炒葵花籽。

八热菜：杂烩、扣肉、头牲、荷折皮煮泥鳅、髈肉、红糖煮红枣、鲜炒小笋、炒猪肝。

二随菜：清炒时蔬、豆腐干炒肉。

第四章

传统主食及副食

人类社会由狩猎时代进入农耕时代后，人们的生活习惯发生了翻天覆地的变化，食物由以肉类、野果为主，变为以谷物为主、肉类为辅。祁东人祖祖辈辈都以稻米和杂粮为主食，除过年过节外，要吃一餐鱼和肉，简直是一种奢望。由于天天吃，天天做，所以祁东人以五谷杂粮为主的食物品种非常丰富。

第一节　主　食

主食就是经常吃的主要食物品种。

1. 糙米饭

推子推出来的米，去糠壳、没有去米皮的米煮成的饭为糙米饭。糙米有白糙米、红糙米和黑糙米，煮成的饭分别为浸色、红色和黑色。糙米饭不软糯。

2. 熟米饭

熟米饭就是去了米皮煮成的饭，颜色白，口感软糯。在 20 世纪 70 年代前，人们都是用石碓舂米，舂米的劳动强度大。

3. 净米饭

净米饭就是饭里没加别的东西，没扛冷饭。

4. 蒸钵子饭

▲ 钵子饭

钵子饭是在钵子里放米加水上蒸笼蒸熟的饭。计划经济时期，机关、学校、企事业单位和人民公社食堂都是蒸钵子饭。

5. 香米饭

香米是自带香气的米，稀少珍贵，一般不用纯香米做饭，都是在煮饭的时候，一锅饭放一手心量的香米，饭熟后香气四溢。

6. 糯性饭

糯性饭是带点糯性的米饭，不是纯糯米饭。粘米尤其是粘陈米，煮成的饭糙口。用这样的米煮饭前，须先浸泡半小时，再加入百分之十的糯米拌匀一起煮，所成的饭带糯性，口感得到改善。

煮米饭看似简单，其实是个技术活。不懂诀窍的人煮的饭往往是：面上梆梆砍（有生米），中间稀稀烂，锅底烧得成煤炭。煮饭有几个基本技术：一是饭锅要洗干净，好久不用的铁锅要除锈、打油。二是要淘米净砂。三是放水要适量，一般 1 斤米煮 3 斤饭，也就是一斤米放 2 斤多一点的水。陈米和早稻米耐水些，1 斤米可煮 3 斤多的饭；

新米和晚稻米，或者带点糯性的米耐水性差，1斤米煮不到3斤饭，相对要少放水。四是饭开后要护汽，用干净布巾压紧锅盖底部周围。五是会冲饭火，饭开5分钟左右熄火，熄火5分钟后冲火，冲火用大火，上汽得停火，这样冲2到3次。

7. 扛冷饭

上一餐锅里的剩饭，下一餐放米一起淘洗再煮成的饭叫扛冷饭。冷饭再煮会泡松，饭会显得多一些。冷饭都在锅的内周边，新米饭在中间。因此祁东人过去的习惯，盛饭不能首先盛锅中间的饭。

8. 红薯渣子饭

过滤淀粉后的红薯渣，经过发酵后捏成拳头大的坨，晒干后舂碎，筛去粗的，簸去薯筋，将细的部分用冷水拌和均匀，待饭开后放在饭面上蒸熟。熟红薯渣带点米饭盛放到刚炒完菜的锅里拌匀装碗，这就是祖祖辈辈吃过的红薯渣子饭。红薯渣子饭没多少营养，过去仅仅为了饱肚。但是，红薯渣子饭粗纤维丰富，可当肠道清道夫；糖分含量少又耐饿，适合血糖高的人食用。

9. 烂粑饭

烂粑饭就是水放多一点，煮得久一点，软烂成粑的饭。适合没有牙齿的中老年人食用。还有一种烂粑饭，就是将米打湿，让其发酵，晒干后煮成饭，软烂成粑，这种烂粑饭适合缺母乳的婴幼儿食用。

10. 红薯饭

将鲜红薯洗净，去蒂去皮，切成小块，与大米一同下锅放水煮熟，叫红薯饭。红薯饭可捣烂成泥，也可不捣烂。

11. 南瓜饭

南瓜去皮去蒂去瓤，切成小块，与大米一同下锅，放适量水，煮熟成饭就是南瓜饭。南瓜饭最好捣烂吃。

12. 糯米饭

糯米淘洗后入锅，放水煮熟成饭，搅拌成泥，增添糯性。加盐或放糖都可去水味。

▲ 红薯饭

糯米吸水性不好，1斤糯米最多煮成2斤糯米饭。适量放水很重要，水放多了煮出来的就不是饭，而是硬粥。

糯米饭很难煮，饭锅要打油，用温水淘米，即淘即下锅。锅里先烧水，水溅泡子时放米下锅。把握不好的话，米会包浆，饭煮不熟。能一锅煮好30斤米的糯米饭的人，一定是高手。

13. 绿豆糯米饭

糯米加绿豆煮成的饭叫绿豆糯米饭。糯米与绿豆比为7∶3。成饭后搅拌成泥，口

▲ 绿豆糯米饭

▲ 槟榔芋糯米饭

感粉糯。喜甜的可先放糖再搅，不加糖也不会有水味。

绿豆要去杂，去公绿豆。公绿豆煮不发，嚼碎后有生味。去杂后先泡半小时，或先入锅烧滚几道，再将米下锅一起煮。

14. 槟榔芋糯米饭

槟榔芋去皮去蒂，切成小块，与淘洗过的糯米一同下锅煮熟，老式铁锅煮要护汽，要冲两次火。揭锅后，搅拌成泥，口感软糯。不放糖也无水味。

槟榔芋要放锅底，糯米盖其上。如果槟榔芋浮在上面，未被水盖住则难得熟。没熟前揭锅盖会导致槟榔芋麻口。

15. 红薯糯米饭

红薯去皮去蒂切成块，与淘洗过的糯米一同下锅煮熟，搅拌成泥。不用加糖，口感甜糯。

16. 南瓜糯米饭

南瓜去皮去蒂去瓤，切成块与淘洗过的糯米一同下锅，煮熟后搅拌成泥。南瓜自带甜味不需放糖。南瓜水分重，可少放水煮。

17. 燥壳豆糯米饭

燥壳豆颗粒粗，硬度大，需要先泡发或先煮至爆腰，再下糯米一同煮熟，搅拌成泥。不加糖，口感粉糯。燥壳豆不宜多放，豆米比 3∶7。

18. 猪油炒饭

锅里放适量猪油烧热，放入冷饭翻炒，饭炒散炒香后，放少量盐水焌一下，放点葱花，翻炒出锅。也可放祁东豆豉不放盐。

饭要返生，炒之前用手将饭坨子捏碎，容易炒些。饭炒好后，磕入鸡蛋，翻炒均匀熟透就是鸡蛋炒饭。

19. 稀饭（粥）

熟米入锅放水熬煮，浓稠后出锅。

▲ 猪油炒饭

稀饭不加别的料就是净米稀饭，或叫白米稀饭。加南瓜就是南瓜稀饭，加绿豆就是绿豆稀饭。常言道："喝稀饭要有师傅。"会喝稀饭的将碗转着喝，不会烫嘴巴。如果要做好稀饭，更要有师傅。

①煮稀饭的米一定要用熟米，糙米不行。②最好是碓里舂熟的米，带米皮，煮出的稀饭更浓稠。③稀饭煮好熄火后，不能再用锅铲搅动稀饭，搅动后稀饭中的饭容易与水分离。④煮稀饭要敞开锅盖，敞开锅盖稀饭不容易溢出来。现在的高压锅更不能

盖锅盖煮稀饭，否则会堵住汽阀，容易发生爆炸。

20. 腊肉稀饭

腊肉洗净切成丁，入锅炒香待用。舂好的米入锅放水煮开10分钟，转小火熬煮，待浓稠时放腊肉丁连同油汁入稀饭搅拌，再大火煮5分钟即可。

相传曾经有户佃户，每年接待地主吃一餐饭。这年又到了接待地主的时候，佃户心急如焚，家里无钱准备食材，只有一点腊肉，不便起箸。情急之下用仅有的一点腊肉，熬煮一锅稀饭。地主来了后，佃户招呼地主上桌，一再道歉没有好酒好菜接待。哪知地主尝了一口稀饭，觉得特别好吃，赞不绝口，说从没吃到过如此美味的东西。地主接连吃了两碗，临走，还特地高薪聘请佃户女主人到他家里，专门为他煮腊肉稀饭。

▲ 斋汤

21. 斋汤

大米磨成米麸，锅里不放油，只放水，待水七成开时，将米麸慢慢撒入水中，边撒边用一双筷子搅拌，要使斋汤熟得均匀不结坨，必须不停搅动至熟，放点盐去水味。

做斋汤比起做稀饭更加快捷。斋汤要做好，要掌握两点：一是放水量，1斤米可做成8斤斋汤，那么1斤米放7斤多水就够了。二是不能结坨，坨子里面怎么煮都不会熟。如果水已烧滚，米麸不能撒入锅里，只能调成浆，慢慢氽入锅里，不停搅动至熟。

▲ 丝瓜舀粑

22. 舀粑

粘米或者糯米磨成米麸，放水搅拌均匀。用调羹舀起，放入开水锅里煮熟。放点盐和姜米，带汤出锅盛碗。

要判断舀粑是否熟透，就是看舀粑是不是浮出了水面，能浮起来，就是熟透了。舀粑里可放切好的丝瓜，这是一道名食，叫丝瓜舀粑。

23. 麦子舀粑

麦子就是小麦。小麦磨成粉，加水搅拌均匀，用调羹舀起，放入开水锅里煮熟，放点盐去水味，带汤出锅。

调浆很关键，水少则舀不动，水多了则太稀舀不起。

▲ 小米稀饭

24. 小米稀饭

小米去壳，簸去杂质，淘洗后沥干水，入锅放水煮成稀饭。1斤小米煮5斤稀饭。

25. 玉米饭

玉米磨成细粒，淘洗后入锅，加入三分之一的大米，放2倍的水，煮熟即是玉米饭。

26. 高粱饭

高粱去壳去杂，淘洗后入锅，放 1.5 倍的水煮熟即为高粱饭。糯高粱饭软糯，比较适口。粘高粱饭糙，有点拱腮。

27. 焖红薯

鲜红薯洗净去蒂，大的切块，小的整个或一分为二，入锅放水煮熟。焖红薯最好用晾了十天半月的红薯，这样的红薯容易煮糖化。先大火煮开 5 分钟，再小火熬半小时，使其糖化。

28. 煨红薯

选中等个头的鲜红薯，入柴火灶里煨，用纸焖火灰盖住，慢慢煨熟。红薯长时间贴近明火容易烧煳。煨的过程中要将红薯翻几次边。

冬天，一家人都围在灶膛边，一边烤火，一边煨红薯解决晚餐。这样的晚餐叫"三打三吹"。

▲ 焖红薯

▲ 煨红薯

29. 煮红薯汤

▲ 煮红薯汤

鲜红薯洗净去蒂，切成块入锅，放水煮熟，放点盐去水味。要想口味更好，可放点猪油将红薯块炒一下再放水煮，放盐、姜米和葱花。

30. 红薯芋头汤

红薯汤吃多了令人生厌。为改善口感，加三分之一的红芽芋头，洗净去皮切块与红薯块一锅煮，即为红薯芋头汤。

31. 脚板薯汤

脚板薯是一种藤蔓植物地下块茎，形状像人的脚板。鲜脚板薯去皮去蒂洗净切块，入锅放油炒一下，放水煮熟，放盐、姜米带汤出锅。

▲ 红薯芋头汤

▲ 脚板薯汤

32. 煮干红薯片（丝）

干红薯片或干红薯丝漂洗干净，入锅放水煮熟，带汤汁出锅。这种片和丝口感不好，很难吃。旧时，米饭不够，大人小孩不管什么东西都得吃，有煮干红薯片吃就不错了。

33. 炒麦子

小麦去壳去杂，入锅慢火炒熟爆腰，吃起来又脆又香。大麦、燕麦也可以炒熟当饭吃。旧时多数家庭就是炒麦子对付晚餐的。

34. 踏麦子粑粑

小麦筛选干净，磨成粉，调成浆，入锅烫熟。边烫边用锅铲踏实，翻边。缺少食用油的情况下，只能红锅踏。

35. 踏高粱粑粑

高粱去壳去杂，磨成粉，用水调成浆，入烧红的锅里踏熟。荞麦粉、穄子粉都可以踏粑粑。

第二节　小　吃

小吃是相对于正餐而言的。正餐一般有主食，有菜，有时有酒，用餐比较准时，有一定的仪式感。小吃的特点是品种单一，分量不大，吃起来随时随意。但是，小吃可当饭，代替正餐。

1. 臊子面

新鲜肉剁碎，锅里放油烧热，碎肉入锅翻炒，放盐放姜米，放适量的水煮开 5 分钟，喜辣的放祁东豆豉或剁辣椒。

▲ 臊子面

骨头汤熬好后，舀入面碗，碗里先放盐放葱花。面条煮好后，用漏瓢捞起放进面碗，将膘子带汤浇在面上。

骨头汤在炖的时候不放盐，盐放早了汤不鲜。

猪肉可做面条膘子，牛羊肉、鸡鸭肉都可做膘子，酸豆角、酸辣椒、黄泥萝卜也可做膘子。

2. 鱼汤面

▲ 鱼汤面

草鱼块入锅放盐煎，加水煮至鱼汤浓稠。用锅铲捣烂鱼肉，拣出鱼骨头鱼刺，确认拣干净后放盐，放霉豆腐盐水熬煮5分钟，再加姜米葱花即可。面条煮好后捞出入碗，配鱼汤。

鱼汤面条软滑，汤鲜味美。注意要去骨去刺，确保安全。

3. 座汤面

座汤面就是水烧开后下入面条，煮熟后放盐、放油、放生姜丝，放葱花出锅。

座汤面可加青菜萝卜一锅煮。

4. 鱼汤米粉

鱼汤米粉跟鱼汤面的做法相同，就是将面条换成米粉。

5. 干面

▲ 干面

新鲜肉剁碎，炒熟放盐放姜米，盛入面碗，面条煮好捞出放进面碗，搅拌后即可吃。喜辣的放祁东豆豉一起搅拌均匀。有的另配一碗骨头汤，放盐放生姜。汤与面条分开吃。

6. 机粉

机粉就是机器压成的米粉，很细。这种米粉在祁东出现于20世纪50年代。米粉压制煮熟出锅后晾凉，卷成把，一碗一把。放盐放油放炸黄豆，放醋拌和着吃。

机粉的特点是凉的，必须放醋杀菌。

7. 出锅粉

▲ 出锅粉

红薯淀粉加工红薯粉条，落入滚水中煮熟浮起后，捞起入碗，直接加油、盐、豆豉、肉膘子等，搅拌均匀开吃。

出锅粉就是红薯粉条第一次煮熟后，不下第二次水。这样的红薯粉条保持原汁、原味、原香，放佐料容易入味。

8. 红薯豆腐

红薯豆腐坯子打成1.5厘米见方的坨，锅里放熬好的骨头汤或鱼汤烧开，放盐放生姜米。将红薯豆腐坨放入汤锅，烧开后放葱花，然后出锅装碗。将做好的臊子浇在红薯豆腐上。

9. 米豆腐

将米豆腐坯子打成 1.5 厘米见方的坨。熬好的鱼汤或骨头汤烧开，放盐放生姜米，米豆腐坨入汤锅，烧开后下葱花装碗出锅。将炒好的臊子放米豆腐上。

▲ 米豆腐

10. 粽子

包粽子时，先提取碱水，稻草烧成灰，将灰撮入筲箕，用开水淋稻草灰，筲箕下面用盆接住水。用纱布过滤稻草灰水。用过滤后的稻草灰水浸泡糯米半小时，然后包粽子。包粽子用箬叶，棕树叶子入开水煮，煮好后划成细条扎粽子。粽子有狗头粽、牛头粽、羊角粽和枕头粽。枕头粽里面用荷叶包，外面用箬叶。祁东习惯包实心的不放馅料的粽子。吃时可加熟芝麻花生粉，也可加糖。好粽子一般都用稻草灰碱水。

▲ 狗头粽

▲ 牛头粽

▲ 羊角粽

▲ 枕头粽

11. 元宵

水磨糯米粉，用包袱兜起灶灰吸干多余的水分，揉和成团。然后搓成一个个的圆球，下入开水里。待浮出水面捞起入碗，加入白糖或红糖，即为元宵。元宵也可与甜酒一同煮。

12. 糖油粑粑

水磨糯米粉，搓成圆球，入油锅炸熟踏扁，出锅后加糖。也可放糖炸，放糖炸易糊锅，耗糖。

▲ 元宵

▲ 糖油粑粑

13. 臊子芡

红薯淀粉调成浆，锅里放水烧开，将淀粉浆倒入开水锅里，用筷子不停搅动至完全变色熟透，装碗出锅。取出坛子里的黄泥萝卜，加大蒜瓣剁碎，入锅放油炒熟，放适量辣椒粉，即成臊子。将臊子盖在芡上，用调羹拌和舀着吃。

14. 红枣煮蛋

红枣洗净，入锅放水放糖煮发，鸡蛋煮熟去壳入红枣锅煮热。每碗2个鸡蛋，再盛红枣，糖水入碗。每碗红枣配2个鸡蛋是标配，也有配3个的，配3个蛋的说明主人很大气，配1个鸡蛋的情况很少，除非实在是鸡蛋不够。

▲ 臊子芡

▲ 红枣煮蛋

15. 桂圆煮蛋

桂圆去壳洗净，入锅放糖煮熟。鸡蛋煮熟去壳，进锅与桂圆一起煮热出锅。每碗 2 个鸡蛋，桂圆适量。

▲ 桂圆煮蛋

第三节　点　心

点心是糕饼之类的食物及其他烹煮食物。点心可以随时随意吃；点心一般不能作为正餐和主食，可作为正餐或主食的搭配；有的点心可以作为早餐、上午茶、下午茶的主食。

1. 蛋糕

蛋糕是用鸡蛋和面粉加糖拌和，蒸制或烤制而成的。蛋糕松软有弹性，分为蒸制和烤制两种。蒸制蛋糕又叫白蛋糕，一般整盘蒸制再切块。烤制蛋糕需在盘子或小坯内刷油。

2. 麻饼

面粉放适量水拌和，做成圆坯，压扁成饼，粘上芝麻，放烧热的铁板上煎烤熟，铁板需放油。

▲ 蛋糕

▲ 麻饼

3. 本式月饼

本式月饼就是面粉加水拌和，面粉坨压扁后中间放糖芯，包转锁口压扁成饼，进烤炉烤熟。糖芯的做法：干橘皮泡发洗净沥干水，剁细入锅炒干水汽，放红砂糖拌匀。本式月饼个重约 100 克，口感梆硬。

4. 煎饼

大米泡发沥干水，让其发酵，晒干后磨成粉，放适量水揉搓成团。做成一个个的小饼，锅里放油烧热，煎熟出锅。煎饼口感松软。

5. 糍粑

糯米煮成饭，入石碓舂成泥，做成厚 2 厘米、直径 10 厘米左右的圆饼状，晾晒脱水，进石灰坛子保存。有的用冷水浸泡保存，需每天换水。糍粑有两种加工方法：一是烤，用铁夹夹住糍粑在柴火上烤，烤软就行，糍粑本是熟的；二是煎，煎时必须锅里放油，翻边煎软，喜糖的放糖，喜香的放芝麻粉、花生粉，这种吃法是比较奢侈的吃法。

6. 斋合粑粑

大米磨成粉，加适量水拌和均匀成粉团，粉团进木模压成饼粑，蒸笼栅格垫纱布，饼粑入蒸笼蒸熟，出锅时两个饼粑底部相对合在一起，叫斋合粑粑。此粑先敬菩萨，人后吃。

▲ 煎糍粑

▲ 煎饼粑

7. 桐子叶粑粑

小麦磨成粉加谷芽，加适量水拌和均匀，用新鲜桐子叶将其包住蒸熟，则叫作桐子叶粑粑。桐子叶粑粑味甜、清香。

8. 蒿子粑粑

新鲜蒿叶洗净沥干水，捣碎成泥。糯米磨成粉，与蒿叶泥充分揉和均匀，捏成粑，有的加糖，有的不加糖，上蒸笼蒸熟。蒿子粑粑软糯清香。

▲ 桐子叶粑粑

▲ 蒿子粑粑

9. 荞麦粑粑

荞麦磨成粉，箩筛去壳，荞麦粉加适量水揉和成团，做成粑，上蒸笼蒸熟。苦荞微苦，入口清凉。

10. 稷子粑粑

稷子粉加水，加少量糖，揉和均匀，做成粑，上蒸笼蒸熟。

第四节　零　食

零食就是不用筷子和调羹等餐具，而是用手直接抓取入口的食品。零食包括烘焙食品、炒货、油炸食品和果品。这些食品又叫南货、哈杂，卖这些食品的店叫南货店、哈杂铺。零食是吃着好玩的食品，祁东人叫"吃豪老吉"。零食又叫手碟食品，上午茶、下午茶和夜宵经常用到这些食品；有些品种用于宴席前，先到的客人吃点零食，可舒解坐着干等的不爽。

1. 花片

面粉加水揉透成团，擀成面，面上加咖啡色的粉，卷成筒状，切成薄片，晾干，再烘焙而成。

2. 花根

面粉加适量水揉和成团，搓成长5厘米、直径1厘米的圆条，晾干后入油锅炸熟炸松，出锅时裹上一层炒熟的米麸。

▲ 花片

▲ 花根

3. 雪枣

糯米粉加水、加少量白糖揉和成团，揉搓成圆小条，晾干后入油锅炸膨胀，取出裹上炒熟的白米粉。

4. 爆米花

大米入爆米花炉，经高温高压，突然揭炉盖，大米因压力骤减而膨胀。

▲ 雪枣

▲ 爆米花

5. 泡谷

水磨糯米粉，加适量水搅拌成浆，锅里放少量油，用瓢舀糯米浆入锅，淌成很薄的圆饼，出锅后晾晒干。脱水后的泡谷胚子入热油锅膨胀，则成泡谷。

6. 红薯饼

鲜红薯去蒂去皮，蒸熟后捣烂成泥，纱巾垫底，放上套箍，将红薯泥入套箍压实擀平成圆饼，托起纱巾，将红薯反扣在竹搭子上晾晒干。食用前将干薯饼入热油锅炸香炸脆，变色即可。红薯饼容易受潮变软，可放石灰坛子里防潮。

▲ 泡谷

▲ 红薯饼

7. 爆花蚕豆

▲ 油炸槟榔芋片

蚕豆泡发沥水，用刀将每颗蚕豆开条口，入锅放油炒，或者入油锅炸都行，蚕豆都会爆花。

8. 油炸豌豆

豌豆泡发沥干水，入热油锅炸酥，变色即可，也可以放油炒香。

9. 油炸槟榔芋片

槟榔芋去皮切成薄片，晾干点水汽入油锅炸，变色即可。槟榔芋片不能全脱水为槟榔芋干，干片入锅易煳，也不香。

10. 炒花生

炒花生要用粗砂炒，花生受热均匀，熟得快，花生香脆。花生也可烤熟，烤熟的花生叫炕子，没有炒的花生香。

11. 炒瓜子

瓜子就是葵花籽。瓜子要用簸箕簸去灰尘和瘪瓜子。炒瓜子的锅要洗干净，不能有油，不能有锈。不干净的锅，必定炒出不干净的瓜子。炒大量的瓜子要用稻草扎成把，用稻草把推动和翻动瓜子，炒香后，调适量盐水焌边，翻炒均匀，盐水能使瓜子增味。

▲ 炒花生

▲ 炒瓜子

12. 炒北(南)瓜子

从北瓜瓤里取出的北瓜子清洗晒干，入干净锅里炒香变色即可。

13. 麻糖

麻糖是将爆米花或玉米花加入糖膏子里，出锅冷却后切块而成。

14. 牛筋红薯片

新鲜红薯煮熟，切成片晒干，可以直接吃，直接吃有嚼劲，因此叫作牛筋红薯片。也可用油炸，油炸后脆、香、甜。

▲ 麻糖

▲ 牛筋红薯片

▲ 橙子糖

15. 橙子糖

橙子糖是祁东特产。一年四季都可生产，一般用来待客。

16. 錾糖

錾糖是在饴糖冷却前放肆拉扯，使其变白，待冷却变硬变脆后，用铁錾子敲碎而成。

另外还有干果，如：板栗、红枣、柿饼、葡萄干、无花果干、桃仁干等。野果有毛栗子、栗子。鲜果有桃、李、梅、杏、柿子、西瓜等。

零食待客，需用碟盘装好才显客气。带壳的食品如瓜子、花生用手碟装；烘焙、油炸食品用高手碟装；干果用果盒装；鲜果用果盘或果篮装。

▲ 手碟

▲ 高手碟

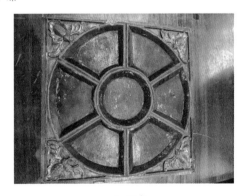

▲ 果盘

第五章

文化习俗

第一节　祁东传统饮食文化 100 问

一、什么是饭？

谷物去壳后放水煮熟为饭，如糙米饭、大米饭、糯米饭、高粱饭、小麦饭、大麦饭等。

二、面条、红薯、南瓜煮熟后算不算饭？

红薯、面条不是饭，但可当饭吃。祁东人习惯讲"红薯半年粮，小菜贴饭半"。如果你早餐吃面条、红薯、南瓜，那么面条、红薯和南瓜就是"饭"。如果有人问"你吃过早饭没有"。正确回答是"我吃过早饭了"，不能回答"我吃过了面条或红薯或南瓜"。

三、什么是吃白饭？什么是吃白口？

吃白饭就是只吃米饭，不吃菜，或者吃菜少。一般是主人招待客人时的客套话，主人习惯说："你不吃菜光吃白饭呀。"客人一般回答："我吃净菜。"菜是用来下饭下酒的。光吃菜不吃饭或不喝酒就是吃白口。过去每个家庭对吃白口是不允许的，因为根本没有那么多菜让你吃白口。

四、什么是分伙饭？与散伙饭有什么区别？

俗话说："树大分杈，人大分家。"一个家庭，兄弟姊妹陆续长大，父母将已成家的儿子一家分出去，没有成家的儿子一般不分。被分家的儿子必须另起炉灶。在正式分家的那一天，父母会办一餐比较丰盛的饭，叫分伙饭，有的还会请叔叔伯伯出席，作为见证。民间还有散伙饭一说。若干家庭或个人组合在一起，共同搭伙，在一口锅里吃饭，但后来由于各种原因不得不解散，变为各办各的伙食，分开时办的一餐饭，叫散伙饭。

五、什么是吃豪老吉？

"吃豪老吉"是典型的祁东方言，意思是吃得好玩。此处有故事：20 世纪 60 年代，湖南省供销社派工作组到祁东县官家咀公社石龙桥大队，主要任务是收购黄花菜。一天早上，曹姓队员上门家访，女主人问："曹同志吃饭没?"回答："吃过了。""吃过了，再吃点!""不吃了。"曹同志抬脚往外走。女主人说："曹同志莫走，吃过了再吃点，吃豪老吉。"曹一听豪老吉，停住脚步。女主人端碗面条放桌上，招呼说："吃吧，吃豪老吉。"曹大悟，原来面条就是豪老吉。有一天曹同志到当地粮店，向服务员提出要买豪老吉，服务员说没有，曹指着面条，说："明明有，为什么说没有？"双方发生口角。面条没买成，曹怒气冲冲离开粮店。后来曹离队回了长沙，但"吃面条是吃豪老吉，面条又不是豪老吉"成为他心中永远的谜。

六、什么是夹生饭？

煮饭时火候不均，或包浆的原因，饭没熟透，吃起来硌牙，或者是有的熟了，有的没熟，这种饭叫夹生饭。夹生饭的引申意义是指事情开始没做好，后来再也不能做好。

七、什么是包浆？

米饭、面条未煮熟时，米面汤汁浓稠成浆糊状，使得米饭、面条煮不熟了，叫包了浆。包浆的原因较多，如：浸了水的米晒干后用来煮饭，米入水就糊，米糊包住米就是包浆，一包浆饭就不会熟。冷水煮糯米饭，水烧开的时间长，因受热不均匀，先热的米成糊糊，包裹住后受热的米，形成包浆，包了浆的糯米煮不熟。煮过一次面条或饺子的浓汤再煮面条、水饺必定包浆，必须舀出部分汤，再加生水，面条或饺子才会熟透。另外，未解冻的肉放入开水中煮，表面变色，其实里面还是冻着的，这是冷冻食物解冻包浆的现象，肉必须先冷水解冻才能入开水煮。

八、什么叫美食？

美食就是美好的食物，看起来赏心悦目，闻起来香气扑鼻，吃起来津津有味，吃过后还想再吃。饭食和美食的差别是：吃过后还得吃的是饭食，吃过后还想吃的是美食。

九、什么是口水饭？为什么说老人不吃隔代的口水饭？

口水饭是进了个人的碗里或盘里，而没吃完的饭菜。旧时父母亲会吃幼儿的口水饭，现在一般都用来喂猪喂鸡。过去，口水饭也是舍不得倒掉的，但吃法还有讲究，父母亲可吃儿女的口水饭，但爷爷奶奶不能吃孙辈的口水饭，原因有三：一是世俗分工就是上管一代下管一代，孙子的事归儿子管；二是爷爷吃孙辈的口水饭，有"克"后辈之嫌；三是儿子和儿媳妇让老人吃口水饭，那是不孝顺。

十、什么是过伙？

从一处地方搬到另一处地方，一般是从旧房搬到新房，厨房随之转移，叫过伙。过伙是大事，一般都很讲究。①选择宜过伙的好日子，时辰不能超过巳时。②搬家时，其他家具可以提前搬或延后搬，唯独厨房用品都是准时准点，一次性搬到位。③过伙

的前一晚上，灶膛留火种。次早，用留的火种点火做饭。④早饭后，将灶膛的火种(烧燃的木炭或柴苑)装进炭盆或火箱，随同灶具、炊具、餐具等厨房用品，一同搬入新家的厨房，并放鞭炮以示喜庆。⑤用带来的火种生火煮些食物，或者烧一壶开水让大家喝，表示过伙成功。⑥中餐为便餐叫过伙饭，如果摆酒叫过伙酒，又叫乔迁酒。

十一、什么是流水席？

第一批人吃完酒席离席，第二批人又来吃，甚至还有第三批、第四批……这就叫流水席。开流水席的原因之一是主人家的场地有限，家具用具不够，不能一次开足够多的酒席桌数来安排所有客人同时用餐；另一个原因，就是客人不请自来，超过预算人数，后来的客人只能吃下一轮。这种情况，在长沙地区叫"爆棚"，在祁东叫"砸箍"。流水席的排席也有两种情况：第一种是递补法。一桌人吃酒席，有吃得快先离席的，只换离席座位的个人碗筷，马上安排其他客人坐上去。就算是全桌客人同时离席，也只换个人碗筷，原来的菜碗不换，只是往菜少的碗里添些菜。第二种是翻台法。待第一轮客人吃完，全部撤盘清理，重新摆台，第二轮客人按第一轮排席上桌，重新上菜。祁东的流水席属于第二种。

十二、什么是吃斗篷？

吃斗篷，是饭铺里的一种术语。客人吃完后有的盘子里的菜几乎没动还是像斗篷顶一样高。店家和厨师舍不得将这盘菜倒掉，而是回收加热后自己吃，这叫吃斗篷。

十三、怎么理解"雷公老子不打吃饭人"？

相传雷公老子专打世上的坏人、恶人，但坏人、恶人正在吃饭的时候也不打，意思是吃饭为大。小孩犯了错，在吃饭的时候不要打骂小孩，以免影响小孩吃饭，影响小孩的成长。"雷公老子不打吃饭人"是劝世语言，劝大人善待小孩。

十四、什么是"八十岁的饭一餐吃了"？

这句话有两处意思。一是，警示劝说人们不做蠢事，不冒险，免得性命不保；二是有人去世了，会说某某八十岁的饭一餐吃了。

十五、什么是包子饭？

包子饭是人死后，丧葬期主人办的饭，用以招待来悼念的客人，客人吃丧葬饭叫吃包子饭，也叫吃包子，办丧事叫打包子。

十六、什么是吃半夜饭？

治丧期间，主家招待守灵的人所办的饭叫半夜饭。传统做法是有酒有菜有米饭，现在多数为吃面条、米粉。半夜饭只限于治丧，与平时的夜宵是两回事，如果将吃夜宵讲成吃半夜饭，那是不吉利的，是骂人的话。

十七、什么是献饭？

在一定时期，家里人为去世的亲人摆上碗筷，装上饭，就像亲人在世时一样。逢年过节，家里人为其祖宗摆上碗筷，倒上酒，以示敬重和怀念，这种献饭敬酒的祭祀过程，祁东人叫"献饭"。

十八、什么是拍水饭？

小孩子在水边受惊吓后，晚上做噩梦讲梦话，白天无精神，父母怀疑其被鬼神所吓，丢了魂。午夜时分，小孩睡觉后，父母来到其受惊吓的水边，撒上米饭，点燃香纸，用捞子在水里捞一遍，口里念叨"某徕妃，回去哟"，边念边往回走，但不能回头。回到家里，父母向小孩口里哈口气，以解除惊吓。这就叫拍水饭，这是一种迷信方法，流传至今。

十九、什么是饱死鬼？

饱死鬼是指一次吃饭吃得太多，撑胀死了的人。传说饱死鬼比饿死鬼好，饱死的人转世后有饭吃，饿死的人下辈子没饭吃。祁东民间认为如果老人含着饭去世，下辈子必定有福。在物质缺乏的年代，人们总希望有顿饱饭吃，哪怕吃得撑死，做个饱死鬼也愿意。

二十、献过的饭菜和酒能吃吗？

供奉过天地神灵祖宗的饭菜和酒叫献过的饭菜和酒，因为有的献过的饭菜和酒摆放的时间长，香火烟熏后不卫生，因此传统说法，献过的饭菜和酒不要吃。还有的说法称吃后没记性，以阻止人们食用。实际上只要没污染，吃了也没事。

二十一、什么是吃猫食？

猫的食量很小，每次吃一点点，但每天吃的次数很多。平时讲某人吃猫食不是讲他将喂猫的食物吃了，而是讲他像猫一样少食多餐。少食多餐，对老年人和有糖尿病的人是一种有益健康的饮食方法。

二十二、什么是吃狗脸饭？

狗是不洗脸的，有的小孩早晨起床后不愿意洗脸就直接吃饭，大人就会笑说这是吃狗脸饭，以此促其洗脸讲卫生。

二十三、什么是肖狗不上灶？

猫是可以上灶的，主人还可以在灶上喂猫食物，因为猫体积小，步履轻盈，不会损坏灶上的东西。而狗不一样，一上灶就会损坏东西，同时狗爱吃脏物，嘴上身上都会沾上脏东西，狗上灶有辱灶神，污染锅里的食物，因此狗不能上灶，上灶的狗不能再喂养。

二十四、什么是猴子卖崽不过夜？

猴子卖崽怎么卖？猴子为什么卖崽？无法考究，但祁东当地一直这样流传。意思是指一些人，家里有好东西留不住，非要吃掉不可，哪怕是留到明天都做不到。此话的意思是讲别人生活无计划，没自制力。

二十五、什么是寅吃卯粮？

按十二地支排列，每天十二个时辰，寅比卯早一个时辰，寅吃卯粮，就是指一个人或一个家庭的生活超支了，早餐将中餐的饭吃了，没有余粮了。

二十六、什么是积谷防饥？

积谷防饥就是丰收的年成要有积累，要有余粮，平时节省一点，储备起来，以应对饥荒。手中有粮，心中不慌，滴水汇成河，粒米积成箩。祁东人有节俭的传统习惯。

二十七、什么是青黄不接？

青黄不接就是上一季收获的粮食吃完了，下一季粮食还未成熟不能收获，这个粮食断档期就叫青黄不接。俗话说："五往六月，青黄不接。"过去每年的五月到六月，就是青黄不接的时期。

二十八、什么是红薯半年粮？

祁东以稻米为主粮，其他为杂粮，由于人多田少，水稻种植经常出现天旱虫伤，产量低，只能发展旱粮生产，以此弥补主粮的不足，红薯便成了主粮的替补。焖红薯、红薯汤、煮红薯片子、煮红薯渣子等，从头年九月开始吃，直到次年的五月，所以讲红薯半年粮。

二十九、为什么讲祁东人不吃红薯渣子长不大？

红薯渣子就是红薯磨成浆过滤后的渣子，发酵晒干。晒干后的红薯渣子经夯碎过筛，加水拌和，饭煮开后，放饭面上蒸熟，蒸熟后铲起放炒菜锅里，带点米饭拌匀吃。红薯渣子没营养，但饱肚不易消化，是充饥的好东西。祁东人祖祖辈辈都是这样吃的，尤其是祁东西边地区更甚。不吃红薯渣子只有挨饿，所以说不吃红薯渣子长不大。直到改革开放后，祁东人才停止吃红薯渣子。

三十、什么是三打三吹？

立冬以后，祁东人习惯围炉烤火，边烤火边将生红薯放灶膛里煨，煨熟后边拍打边吹，去掉煨红薯上的泥和灰烬，直接当饭吃。三打三吹就是指煨红薯当饭。

三十一、什么是斋汤？

大米磨成粉，调成浆，锅里放水烧开后，将米浆入锅，用筷子搅动至熟，熟后成米糊，不放油和荤腥，故叫斋汤。

三十二、什么是代食品？

1959 年至 1961 年三年困难时期，粮食短缺，为了饱肚，祁东人将稻草切碎入锅，放水加生石灰熬煮，滤去渣后的水用来煮饭，其饭特别发泡，1 斤米可煮成 10 斤饭糊糊。这种饭糊糊就是代食品。这种代食品虽然量多，但对人体有害，人吃了容易得水肿病。

三十三、为什么说"种一丘芋子赚仓谷，放塘鱼谢仓谷"？

祁东的槟榔芋和红芽芋产量高，芋头淀粉含量高，蒸煮后可当主食节省粮食。祁东山塘鱼品质好，加工腊鱼用豆豉蒸来下饭，可提升食欲。因此，两相比较，种芋头比养鱼合算。

三十四、什么是"口如灶，灶如窑"？

灶是烧柴火的，窑也是烧柴火的，灶口与窑口比，窑口大得多，烧的柴火也多。灶虽小，但天天烧柴，就跟烧大窑一样烧得多。人吃饭餐餐要吃，天天要吃，也像柴火灶一样烧柴多，意思是要节约饮食。

三十五、什么是"蚊子巴一粒饭追得 12 间屋"？

这里的蚊子是指苍蝇，苍蝇巴饭算不了大事，但有因蚊子巴了粒饭，还想将其追

回来的人。此话是贬义，意思是说这个人很小气。

三十六、祁东人的餐制习惯是什么？

祁东人历来的餐制习惯是每日三餐，即早、中、晚餐。在缺衣少食的年代，到了冬季，夜长昼短，部分家庭每天吃两餐，分别在上午 10 点、下午 4 点左右用餐。招待客人是三餐饭加过早和夜宵。过早，就是客人起床洗漱后，先吃一碗红枣煮鸡蛋，再吃早餐。消夜就是晚上十点左右吃面条、点心，也有吃菜喝酒的。招待手艺师傅是每天三饭两茶，两茶是上午和下午各有一个腰餐，根据劳动强度，茶点安排不一样。石匠、木匠、泥水匠，上午茶是糯米饭，下午茶就是面条。织匠、裁缝、漆匠等，上午茶是红枣煮鸡蛋，下午茶就是南货饼干之类。

三十七、什么是"豆腐划成肉价钱"？

豆腐便宜肉价贵，在购物时，选择了便宜的豆腐，结果豆腐品质不好，不能食用全部浪费，再去买豆腐，最后所花的豆腐钱与买肉的钱一样多，这就叫豆腐划成肉价钱。也就是不划算。

三十八、什么是斋菜？

斋菜就是全部用植物类食材和植物油做成的菜，而且不用佛教禁用的"五荤"，即蒜、韭、薤、葱、姜，吃这种菜就叫吃斋，也叫"戒大五荤"。

三十九、什么是素菜？

素菜是全部用植物类食材和植物油做成的菜。但可用佛教禁用的"五荤"。吃这种菜叫吃素。

四十、什么是荤菜？

荤菜就是荤腥菜，动物类食材加带有刺激性、调味性的食材做成的菜。

四十一、什么是"小五荤"？

各地确定的"小五荤"有所不同。祁东的"小五荤"为牛肉、狗肉、蛇肉、乌龟肉、青蛙肉。不吃这五种肉做成的菜叫"戒五荤"。

四十二、祁东为什么将牛肉列为五荤之首？

祁东人口稠密，土地狭窄，没有多少山地草场养殖草食动物。因此，祁东以前没有菜牛，所养的牛都是耕牛。春耕时耕牛不足，人拉犁犁地。耕牛很珍贵，将其列为五荤之首，也是劝导人们戒食。对杀牛的屠户有因果报应之说：某人的后人不走正路，是因为某人的祖宗杀多了牛。祁东人对偷盗耕牛的贼特别憎恨，一旦抓住偷牛贼，会群起而攻之。

祁东人敬重耕牛，故将牛肉列为五荤之首。

四十三、什么是吃花斋？

未皈依佛门的人一心向善，虽不吃长斋，但间歇性吃斋。有的人初一、十五吃斋，有的人一个月吃斋、一个月吃荤，有的人重要节日吃斋，这就叫吃花斋。

四十四、为什么说吃斋吃素能长寿？

因为斋菜和素食虽没有动物类食品营养丰富，但是谷物类、豆类、蔬菜、水果同样含有人体所需的基本营养。不是斋食素食的营养能促进人的长寿，而是吃斋吃素的人不杀生，不沾腥，修身养性，心态平静，因此能长寿。同时寺庙、庵堂、道观都建在风景优美、宜居的地方，自然会使人长寿。

四十五、为什么说烟是和气草？

吸烟有害，但吸烟习惯祖祖辈辈戒不了。祁东农村，成年男子80%都吸烟，少数成年女子也吸。吸烟的人下田不容易被蚂蟥咬，烟也是一种交往的工具，给对方敬烟是一种友好的表示，一边吸烟一边交流，能使气氛融洽。如果上门办事，没有一根烟，人家是不太理睬的。即使第一次见面，通过烟的交流，也能很快成为朋友。因此，祁东人常说烟为和气草。

四十六、为什么说烟酒不分家？

吸烟和喝酒的人，一般对烟酒都很大方，家里只要有烟酒，就会拿出来招待客人，而且会拿最好的。有的人口袋里有两种烟，贵的烟待客，差的自己抽。吸烟的人平时买5元钱一碗的面条都舍不得，而贵的烟5元一支，遇上熟悉的人就递上一支，毫不吝啬。喝酒也是如此，好酒总是用来待客的，而且喝酒的时候总希望别人多喝，生怕客人没喝好。因此，祁东人讲"烟酒不分家"。

四十七、怎样理解"饭胀隆包鼓，酒醉英雄汉"？

此话对只吃饭不喝酒的人是一种贬义，对喝酒的人是一种褒义。祁东人崇尚豪气英雄。

四十八、为什么说吃酒不醉为最高？

常言道："吃酒不醉为最高，见色不贪真英豪，酒色财气是最考验人的，贪与不贪看一个人的定力。"好酒贪杯必定喝醉，醉后伤体，醉后失言，醉后误事，醉后百害无一益。"吃酒不醉为最高"，此话是劝世话。

四十九、什么是酒过三巡？

宴席开席上大菜后，礼生司仪会三次请客人喝酒，每请一次乐器响器齐鸣一通。全体客人举杯敬酒。这样连续三次叫酒过三巡。酒过三巡，刚好是上第四道菜，第四道菜是拆鱼，鱼到酒止，司仪不再请喝酒，但客人可随意喝。

五十、什么是腰席？

宴席上了五道菜后，暂停上菜，鞭炮响起就是宣布腰席，腰席实质上就是暂时休息，进行与酒席有关的其他内容。比如：主人讲话致谢，退礼，厨房和行堂抄赏，等等。宴席主题不同，腰席的内容有所不同。

五十一、什么是彩礼和水礼？

旧时，男婚女嫁由媒人牵线，冰人传书，奉行纳采、问名、纳吉、纳征、请期、亲迎六礼。每次传书，女方用红纸，男方用红绿双色纸做书套。女方所有的陪嫁品，都由男方出钱。女方算好多少钱后，用红色书套传书告诉男方，男方将钱装进红绿鸳书套里，经掌判见证，媒人送到女方。书套是彩色的，因此叫彩礼。女方办花桌酒，所需鸡、鱼、肉、米、酒等，都由男方提供，迎亲的当天一早，由挑夫送到女方家。这些物资不使用红绿鸳书套装，只在每件上面套上腰红或贴上写有喜字的红纸。因为有酒，酒就是酒水，故习惯将这些物资叫水礼。

▲ 彩礼包封

▲ 接亲水礼

五十二、什么是花桌酒？

花桌酒就是因女子出嫁办的酒席，来的客人以女客为主，故曰"花桌酒"。吃花桌酒，也叫打花桌。

五十三、什么是喝花酒？

喝花酒是男人们喝酒时，有妙龄女子陪酒、弹琴、说、唱。席间男女之间语言暧昧，边喝酒边打情骂俏。

五十四、摆酒席为何又叫"两个碗打跟斗"？

摆酒席有八大碗主菜，两道随菜。八大碗主菜是一道道上的，第二道菜上桌时，送菜人将桌面上的第一道菜的菜碗取走，桌上只留一只菜碗，这就叫"两个碗打跟斗"，"两个碗打跟斗"是摆酒席的别称。祁东人这样做是出于三个方面的考虑：一是一道道上菜客人能吃到热菜；二是八大碗一齐上桌面摆不下；三是八大碗一齐上没有那么多大碗。

五十五、什么是三牲酒礼？

三牲酒礼是招待客人和祭祀活动的必备食物，也是最高规格。三牲是指鸡、鱼、肉，祭祀活动中的鸡、鱼必须是整个的（鱼可以用木鱼替代），肉是整块方肉，且鸡、鱼（除木鱼外）、肉必须是熟的。酒礼就是要有酒，并要有敬酒的仪式。

五十六、为什么祁东将鸡作为头牲？

在所有家禽中，鸡是富含营养、口感非常好的肉食品。狗守更，鸡司晨。公鸡打鸣，给人们的生活提供方便。母鸡生蛋后"咯咯哒"地告诉主人。孵完小鸡后，全部小鸡都在其羽翼保护之下，可见鸡的灵性和爱心。因此，祁东人管鸡叫头牲。

五十七、既然鸡是头牲，为什么宴席菜头碗不是鸡？

宴席菜的头碗是杂烩，是各种食材的最佳搭配组合，一般是九种食材。更重要的在于杂烩有团圆和全家福的含义，因此，头碗不是鸡，而是杂烩。

五十八、为什么宴席菜中扣肉是第二道，鸡排第三道？

宴席菜中的扣肉，本是盖在杂烩上面。由于杂烩的分量足，出菜碗只有那么大，装不下肉，厨师就干脆将肉扣下来，单独作为一道菜，叫扣肉。因此，祁东扣肉有别

于别的地方的扣肉，祁东扣肉是第一道菜的延续。所以只能委屈鸡做第三道。接着第四道为鱼，第五道为髈肉，鸡还是不失"头牲"的位置。

五十九、为什么摆寿酒不发请帖，有时还发辞帖？

因为摆寿酒都是上了年纪的人，亲朋好友都记得其生日，不用发请帖，尤其是老亲戚，发请帖反而显得生疏。当然，对一些达官贵人还是要发请帖，如果得知近邻也要来贺寿，但厨房乏备，可贴出大的辞帖以谢绝。

六十、什么宴席发请帖请先期？

殡葬宴有两次宴席，出殡当天的宴是正式宴，亲戚、朋友、街坊邻居等，前来送葬的都出席正式宴席。出殡前一天晚上的宴席叫先期宴，上亲、贵宾、地仙、歌郎、乐队等都是先期客人。先期客人都得有请帖。请帖注明先期到达时间为出殡前一天的巳刻。

六十一、什么叫"人死饭甑开，不请自然来"？

如果院子里有人去世，全院子特别是未出五服的人都会自觉来帮忙料理丧事，根本不需要发请帖。老人和小孩不能帮忙做事，但能凑热闹，每个家庭都不做饭，都到丧家用餐，这就叫"人死饭甑开，不请自然来"，现在祁东依然保留此习惯。

六十二、祁东小曲酒与其他地方的大曲酒有什么区别？

酒曲在制作成形后，一般为方块形，大块酒曲叫大曲，小块酒曲为小曲。家庭酿酒多用小坨的酒曲。不管酒曲大小，用同样的原料，同样的工艺，发酵后通过蒸馏出来的酒都是白酒，祁东小曲酒就是用小块酒曲做的白酒，其他地方用大块酒曲做的叫大曲白酒。

六十三、熬酒时干熬和湿熬有什么区别？

酒饭经过发酵成酒料后，将谷糠倒进酒料拌和，无汁液沥出时，将酒料装入有隔层架子的甑里，中间铺垫纱布隔水蒸馏，这就叫干熬。湿熬是将发酵酒料直接倒进甑锅里，加清水搅动，直接加热蒸馏。干熬、湿熬各有利弊，干熬的酒浓烈一点，即使发酵不到位，也不会煳锅，但因加进谷糠，蒸馏酒里含甲醇多。湿熬酒含甲醇少，但因酒料有时发酵得不彻底，容易煳锅，煳锅后的酒有煳味。

六十四、为什么做豆腐时先要破豆子？

破豆子是做豆腐的基础工序，破豆子就是将干豆子放磨里破壳，然后去净壳皮，留下破碎的豆瓣，将其泡发，再磨成浆，过滤后做成豆腐。因为豆子的植物碱主要在豆壳上，豆壳不去，豆腐泡沫多碱性重，豆腐显得粗硬。去壳后的豆腐特别光滑细嫩，成品霉豆腐呈鸭蛋青色，不破豆子去壳，就做不出好豆腐。

六十五、什么叫湿磨？

湿磨就是原料泡发后带水磨，带水磨的特点就是磨得细，加工的成品特别软糯细滑，如水磨豆腐、水磨糯米粉等。

六十六、什么叫干磨？

干磨就是原料不泡发，不带水磨。因为有些原料沾了水不好用。比如蒸米麸肉用的米麸、擀面条用的小麦粉等，都必须是干磨粉。

六十七、什么叫杀青？

杀青是加工蔬菜的第一道工序，不杀青的蔬菜难以晒干，时间久了会变质。杀青主要有四种方法：①隔水蒸法，如黄花菜、茄子干，都要先蒸熟再晒，不然黄花菜会开花，茄子难晒干；②焯水法，如芥菜、甜菜先入沸水焯水，捞出后入冷水浸泡；③揉搓法，如入坛的芥菜、大头菜，先晒一下，再揉搓出叶汁；④热炒法，如茶叶的加工。

六十八、什么叫返生？

返生就是煮热煮熟的半成品，自然冷却后变硬，再入锅时不会糊成粑，如荷折皮和红薯豆腐。

六十九、怎样理解原汁原味和本色本味？

原汁原味就是食物原有汤汁和味道。比如熬滚刀肉，先将猪肉刮洗干净，入锅汩水煮熟，去净浮沫，捞出猪肉滚刀切成坨，入锅翻炒出油，放盐炒匀。将汩水汤汁用细纱布滤去细渣后，放入滚刀肉里熬煮，不添加别的调味料，这样熬出的滚刀肉就是原汁原味。任何肉类菜，丢掉了汩水原汤都不是原汁原味。

本色本味就是食物固有的颜色和味道。烹饪过程中，不放或少放调味料，不改变食物色泽和固有味道，就是本色本味。如清蒸鸡，只放盐和姜丝，就是本色本味菜。又如清炒苦瓜，只放盐，不放任何别的东西，成菜后颜色仍是青色，味道清苦，也是本色本味。

七十、捞汤面和坐汤面有什么区别？

捞汤面就是面条煮熟了，将面条捞起来装碗，另外配汤配料，面条和汤都清爽。

坐汤面就是在煮面条的汤里加油盐和别的配料一起煮，煮好后带汤装碗，汤浓稠。

七十一、码子和臊子有什么区别？

码子是北方的习惯叫法，北方人喜食牛羊肉且喜冷食，将牛羊肉煮熟后，切成大片，拌上酱料，一层层码放在面条上。这样的牛羊肉叫码子，码子的特点是大块，不带汤。

臊子是南方的习惯叫法。肉末或肉丁炒熟，加其他佐料放水煮开，放入面条、米粉、米豆腐碗里盖面，叫臊子，黄泥萝卜、酸豆角、腌辣椒等切细炒好，也可做臊子。臊子的特点是原料切得细，带汤汁。

七十二、为什么祁东人卖新鲜肉习惯摆在屠桌上，而不挂起来卖？

相传有位皇帝微服私访，到湖南某地时，晚上睡在圩场卖肉的屠桌上，屠户看见后，凶巴巴地将其赶走，这位皇帝心里不爽，讲了句："屠桌摆肉会发臭。"从那以后，摆在屠桌上的肉就容易发臭，无论冬天夏天，屠户卖肉只能将其挂起来卖。又过了一段时间，皇帝私访到了祁东（祁阳）地界，人困马乏，又躺在圩场的屠桌上舒舒服服睡着了，但这次没人将他赶走。皇帝醒来后，说了一句："这里的屠桌好，不会臭肉。"从此，祁东人卖肉，即使是夏天，都不会挂起来卖。虽为传说，但屠桌摆肉的习惯一直沿用至今。

▲ 屠桌卖肉

七十三、为什么祁东将辣椒叫海椒？

因为辣椒非祁东起源作物，是外来物种，它是海外传来的品种，故叫海椒。其他凡是外来物种，祁东人都分得清清楚楚，如洋葱、洋芋、洋姜等，加"洋"字说明物种是漂洋过海而来的。来自北方或从国外大陆传来的物种一般加"胡"字，如胡椒、胡萝卜、胡蒜等。

七十四、为什么祁东人将南瓜叫北瓜？

祁东没有南瓜一说，圆形南瓜叫圆北瓜，长形的南瓜叫长北瓜，据说这种瓜是从我国的北方省份传来的，所以叫北瓜。

七十五、祁东为什么没有田螺一说？

祁东的螺蛳分为铁螺和铜螺。铁螺的壳厚实、坚硬，生长在水塘里或江河里，因为水塘里、江河里有螺蛳的天敌，所以这种螺蛳的壳坚硬如铁，于是便叫铁螺。另一种螺蛳，生长在稻田里，因没有天敌，所以个头大，壳薄，外观呈浅黄色，祁东人管这种螺叫铜螺，不叫田螺。

七十六、"黄花菜都凉了"怎么解释？

祁东是黄花菜的起源地，获"中国黄花菜之乡"称号，作为祁东人经常被问及"黄花菜都凉了"是什么意思。其实黄花菜不是一道做好了的菜，而是做菜用的一种原料，应该从原料的采摘加工过程中寻找答案。一般有两种解释，其一，黄花菜采摘期过了，当地人讲伐禾了，黄花菜没有了，可以理解为黄花菜凉了；其二，黄花菜采摘完后上蒸笼杀青，杀青后自然冷却，冷却后推开晾晒，当地人将"晾"与"凉"做同音同义解，黄花菜都晾(凉)晒完了。"黄花菜都凉了"就是事情结束了，机会丧失了的意思。

七十七、为什么产妇生产后三天内忌盐？

盐是调味品，也是一种食品添加剂。产妇生产完后身体损伤很大，骨骼松软，三天内吃盐的话，不利于身体的恢复。除了产妇，其他跌打损伤的病人在治疗期间也尽量不吃盐或少吃盐。

七十八、月婆子最好的菜品是什么？

产妇生产后在一个月内叫月婆子，其饮食既要考虑营养又要有利健康，既要考虑利于母体的恢复，又要考虑满足婴儿对母乳的需求。因此，月婆子最好的菜品是清蒸或清炖鸡、蒸瘦肉和香干、猪脚炖黄花菜等。

七十九、月婆子最忌什么菜？

月婆子的菜品有禁忌。忌吃公鸡、洋鸭和牛肉等发物，吃这些东西容易使月婆子身体上火；忌吃葱姜蒜等，这些对身体有刺激。

八十、为什么婴儿百日开荤吃的是鲤鱼？

依祁东当地习惯，婴儿满100天时开荤，一定是吃鲤鱼，尤其是锦鲤最好。理由有三：一是鲤鱼比鸡肉、猪肉软嫩，婴儿好接受；二是鲤鱼的嘴小，宰杀前婴儿要与鲤鱼嘴对嘴打个啵，意指婴儿长大后有鲤鱼小嘴；三是有鲤鱼跳龙门之意，希望小孩

长大有好的前程。

八十一、什么叫吃轮供？

吃轮供是赡养老人的一种方式，兄弟几人赡养老人，轮流照顾。有的一天一轮，老人今天在老大家吃饭，明天在老二家，后天在老三家，来回轮流；有的十天一轮；有的一个月一轮，时间长短按商量确定。除赡养老人外，共同的客人，兄弟之间轮流陪饭，也叫吃轮供。

八十二、为什么筷子一般是七寸六分长？

房子门窗的宽和高，桌子和凳子的长宽、高矮都是鲁班定的。吃饭用的筷子为七寸六分长，据说是食祖炎帝定的。七寸六分这个长度适合大多数人使用。同时，也有"食色，性也""人有七情六欲"的寓意。

八十三、为什么靠窗户的地方不能摆主桌也不能摆主位？

这是历史经验总结，主要是从安全角度考虑，防止有人借宴席之机从窗户袭击，伤害主人和主宾。同时，主人位面朝大门，这样进来的人都看得清楚。

八十四、什么叫"主人不吃，客不饮"？

招待客人时，主人请客人喝酒吃菜，必须自己先动筷子和先喝酒，证明酒菜准备充分，客人可以放心吃喝，如果主人只喊客人吃，自己不吃，说明酒菜准备不充分，或者是主人的诚意不足，这种情况下，客人就不能放肆吃喝。

八十五、为什么大年初一早餐要吃面条？

祁东人将煮面条叫发面，大年初一早餐发面，就是图个吉利，添丁添财都叫发。

八十六、为什么大年初三不上门拜年？

祁东拜年的传统说法是初一崽，初二郎，初四、初五外甥郎。初三是孝新陵的日子，就是为前一年去世的老人或其他亲人，置备三牲酒礼、香烛鞭炮等，到坟前祭祀，给亡人拜年。这一天是给前一年去世的人拜年的专属日子。所以，初三不给亲戚朋友拜年。

八十七、为什么正月十五又叫耗子嫁满女？

正月十五是元宵节，又叫散灯节，过了元宵节年就算过完了。元宵节这一天白天耍龙，晚上舞狮子、玩龙灯，吃完元宵后，还有一项活动就是耗子(老鼠)嫁满女，家家户户挂灯笼，家里到处点上灯，院内墙角以及茅房、猪栏都点上灯，没有油灯就点上枞膏。传说这是方便耗子嫁满女，耗子嫁满女全部耗子都出动。它们走了就不会在家里偷吃粮食了。

八十八、为什么讲拜年拜到春草发？

过了元宵节就不叫拜年了，但到正月二十几也还有人拜年。主要是家里的主事人和老人，过了元宵节，想到老亲戚家串串门，走动一下。因此，才有拜年拜到春草发的说法。

八十九、什么是上门客？

上门客就是第一次上门做客的人。比如女婿第一次到岳父母家，就是上门客，外甥第一次到舅舅家也是上门客，朋友第一次来家做客也是上门客，主人对上门客是特别厚待的。

九十、传统的拜年怎么拜？

拜年分几种情况：①晚辈给父母、祖父母拜年，应双膝跪地，两手掌撑地，头往地上叩，也叫五体投地。长辈双手将其拉起，并说"恭喜发财"或说"恭喜又是一年"。有的大户人家，或几代同堂的家庭，拜年还讲究仪式，最高辈坐在椅子上，儿孙按长幼依次拜年。晚辈给长辈拜年，长辈都会给压岁钱。②晚辈给旁系长辈拜年，先讲"给××爷、叔叔拜年"，然后单膝跪地，男屈左脚跪右脚，女屈右脚跪左脚，但长辈接受年纪较大的晚辈拜年时，是不会让其跪下去的，刚要下跪的时候，就用双手将其拉起来。旁系长辈不一定要给拜年的晚辈压岁钱，但会给吃的，拜年一拜，麻糖一块，外加花生和瓜子等。③女婿第一次给岳父母拜年要双膝跪地，以后有了小孩，就让小孩子给外婆外公拜年。④平辈拜年，上门者先拜，路上相遇，谁先看见对方谁先拜。拜年的方式是右手握拳，左手握右拳，欠身作揖，回礼也是欠身作揖，互祝平安。⑤拜年无大小，外出拜年，不光是给辈分大的人拜，见到比自己辈分小或年纪小者也可主动讲拜年。路遇时，不分年纪辈分，同样是谁先见到对方，谁先讲拜年，对方回拜。

九十一、什么叫"有意送端午，六月不为迟"？

端午是传统大节，所谓送节就是送礼，送礼应该节前送。节后送礼有违常理，但确因某种原因耽误，以后补送也行。只要是真心实意，任何时候送节都行。

九十二、什么叫回辞？

祁东人将走亲戚叫行（音háng）人家，行人家都是要带礼物的。如春节，行人家拜年，猪肉、面条、食糖是老三样。每种礼品都用长方形红纸腰一下。主人对礼物不能不接，也不能全接。全不接，客人会生意见，会觉得主人看不起他，或者主人不愿意往来了；全接则说明主人做事太过头了。所以一般是接一半，让客人带回一半的礼物，这就叫回辞，其中来的时候肉是生的，回辞的时候肉一定要是熟的。原因有二：一是生肉放久了会变质，二是如果回辞生肉有感情变生疏的嫌疑。

九十三、什么叫打发？

亲戚朋友来家做客，没带礼物。离开时，主人给客人一些礼物，比如食物、衣物或者钱币等，这种做法叫打发。乞讨者上门，主人给饭菜、大米或其他东西都叫打发。打发一般是长辈对晚辈、大户人家对一般家庭而言。打发是赠予，不是礼尚往来。

九十四、哪些礼不能后补？

被邀或未被邀的客人出席任何宴席，都是要准备礼物或礼金的。一般进门第一件事是送礼。嫁娶和丧葬宴席中的送礼很讲究，都是正式开席前送礼，超过时间点送礼是大忌，不能补送礼。

九十五、什么东西最好吃？

一次，几个表兄弟同时在姑爷家做客，为哪样东西最好吃引起了争论。甲说饭最好吃，乙说鸡肉最好吃，丙说人参燕窝最好吃，众说纷纭。最后请姑爷做评判。姑爷说："我家里没柴烧了，明天清早，你们几个到30里路远的清水塘冲里给我弄担柴回来，记住一定要弄干柴，回来后再告诉你们答案。"第二天清早，几个表兄弟吃过早饭向冲里进发，翻山越岭，爬树干钻刺丛，捆好干柴挑到姑爷家已经到断黑时机，一个个精疲力尽，饿得两眼发黑。姑爷对他们讲："今天家里没有米，蒸了一锅红薯渣子饭，只有豆豉和坛子菜，你们将就一下。"由于饿得慌，他们争先恐后去装红薯渣子饭，最多的吃了三大碗。吃完后，姑爷问："好吃吗？"大家都讲好吃。姑爷又问："你们知道为什么好吃吗？"此时，几个表兄弟恍然大悟：原来肚子饿了后什么东西都好吃。

九十六、什么叫"夹菜不过界不过桥"？

过界过桥夹菜是用餐禁忌之一。不管是八仙桌或四仙桌，主人摆菜都是对称的。每个人夹菜，只能在靠近自己一边碗里夹菜，到对面的菜碗里夹菜叫过桥；在靠近自己的碗里夹菜，只能夹自己这一边的，在碗的另一边夹菜叫过界。在用餐礼仪中，过桥过界夹菜都是失礼行为。

九十七、为什么说厨艺不传三代？

在传统手艺中，基本是父传子，子传孙，衣钵真传，唯独厨艺很少有代代相传的现象。原因有两点：一是做厨艺很辛苦。凡遇红白喜事，不论寒冬酷暑，不管路途多远，都得有请必到；有时100桌酒席，也只有一个主厨带一个徒弟炒菜，劳动强度大。二是厨师天天要杀生，酒席所需的猪、羊、鸡、鸭、鱼都是厨师亲自动手宰杀。有说法称杀生有报应，来世会变猪变羊，虽为迷信，但厨艺人心里还是有层阴影。因此厨艺人不愿将厨艺传给自己的子孙。不过，厨艺不会失传，因为总有不相信迷信的人。厨师是一种职业，总有生活困难为了能有饭吃的年轻人愿意学厨艺。

九十八、什么是四六席、八八席？传统宴席到底有多少道菜？

家宴时，四位客人六道菜，叫四六席；六位客人八道菜，叫六八席。八八席就是八个人八道菜，这是家宴标配。因为桌子是四方桌，又叫八仙桌，只能坐八个人，八道菜也是道数最多的家宴。宴席，祁东叫摆酒或酒席，号称十道菜，那是算上两道随菜（下饭菜）。宴席八大碗全国基本通用，大同小异。湖北荆州有七星席，七道特色菜，这是个别现象。祁东宴席还有十大十小的说法，十大就是八大碗，两道随菜；十小是宴席前菜，八个小腊菜碟，两个素小碟。十大十小又叫双八席。

▲ 八仙桌

九十九、什么是忆苦餐？

"文化大革命"时期，祁东县与全国各地一样，为"反修防修"，对全党全民开展忆苦思甜教育。特别是在中小学校，这样的活动多。先请当地的贫雇农"根子"讲旧社会的苦难历史，讲完后，老师和同学们在学校食堂集体吃忆苦餐。所谓忆苦餐，就是用当地的野菜、红薯、米糠之类混合煮成的饭。碗筷不够，就用瓦片当碗，黄花秆子当筷，谁吃得好，谁的思想觉悟就高。

一百、何谓祁东人崇尚的"三不笑"？

第一，不笑别人讨米，别人家里贫困，为了活命出来要饭吃，你不给可以，但不能笑话人家，不能侮辱别人人格；

第二，不笑别人残疾，别人身体致残，生活不便，精神上也受到创伤，你再笑话人家，等于在别人伤口上撒盐；

第三，不笑别人无子嗣，别人无子嗣不管是先天原因还是后天造成的，只能同情，不能笑话，哪怕是跟人家吵架，也不能骂别人"绝子灭孙"。

"三不笑"是祁东社会公德，人人尊崇，代代相传。

第二节　年节习俗

年节包括官方大节和民间节日，这些节日都有不同的习俗。

一、春节

春节又叫过年，是官方第一大节。祁东的过年时间从阴历十二月二十三日晚祭灶神开始，至正月十五日元宵节结束。

1. 祭灶

腊月二十三日，清扫灶台，灶台有缺陷的部位修补好。灶王菩萨和土地菩萨一样，在厅堂神龛第一层有神位。晚上，在灶神画像前摆上香案，具备三牲酒礼、上香、烧纸、放鞭炮。没有厅堂屋的，就在自家灶前祭拜。

2. 过小年

腊月二十四日为南方小年。在旧社会，小年这天，长工和短工要回家准备过年了，雇主请他们吃一餐晚饭。这一天他们帮助主家打扫卫生，特别要打扫灶屋顶的炉门灰。晚餐时，主人与工友们同席，如果主家请谁坐上席，意思第二年不请你了。后来过小年在民间逐渐普及，家家户户都是这一天大扫除，将里里外外打扫得干干净净，当晚晚餐丰盛，仅次于过大年。

3. 赶连圩

平时集市圩场是三天一场，各相邻圩场都是错开日期。自小年后到大年，各圩场天天赶场，因此叫赶连圩。

4. 杀牲

杀牲有讲究，一是杀七不杀八，不杀尽头日，就是腊月二十八不杀生。腊月有三十日的二十九日可以杀，但大年当日(含二十九日过大年的)不能杀生。二是杀牲不能补刀，减少牲畜疼痛。三是刀口越细越好，刀口越大越残忍。杀年猪要放鞭炮、烧纸钱，用猪血浇栏门，盼望来年牲畜兴旺。

5. 辞年

一般是晚辈给长辈辞年，女婿在结婚头年给岳父母辞年是最重要的，送的鸡鸭鱼肉等过年物资也是最多的。辞年的时间段是腊月二十五日至二十七日。辞了年，再去拜年就不需要带礼物，辞年的礼物不回辞。

6. 过大年

腊月三十日晚是大年，又叫除夕。平年二十九日晚大年，也叫大年三十。大年三十这一天，不采购物资、不杀牲，主要是搞室内和环境大扫除，写对联和贴对联，准备年饭。年饭前做祭祀，家主沐浴，整齐衣冠，在厅堂屋前安放八仙大桌，摆上三牲酒礼，备齐香烛、纸钱、鞭炮祭天地。祭完天地，将祭桌祭品移至厅堂神龛前，祭各路神灵。祭完神灵祭祖宗。祭祀结束后，全家人吃团年饭。团年饭是每个家庭一年到头最丰盛的晚餐。但上桌的鱼只能看不能吃，寓意年年有余。年饭后，接着炒瓜子、花生，油炸爆谷、红薯粑粑；准备夜宵，守岁到子夜后才睡觉。睡觉前将灶膛加满大柴或柴蔸子，用灶灰掩埋留火，大年初一早上做饭菜不要重新生火，这就叫三十晚的火，燊燊不息。

7. 年初一

年初一为新年，这一天有诸多讲究。

（1）家主起床后，第一件事就是放鞭炮，叫开门响。

（2）大人不能叫小孩起床，让小孩自己起床寓意小孩新的一年能自觉起床。

（3）全家人都穿新衣服、新鞋子。

（4）早餐吃面条，煮面叫发面，意思是新年发。

（5）晚辈给长辈拜年，长辈给晚辈发压岁钱。

（6）不能讲不吉利的话，禁止喊"悔"。

（7）不能打骂小孩，夫妻不能拌嘴，希望新的一年家庭和睦。

（8）不能往外付钱。

（9）不能洗澡理发，不洗衣服不扫地，不往屋外倒垃圾。

8. 拜年

春节拜年的习俗是：初一崽，初一早上儿子给父母拜年，有爷爷奶奶的给爷爷奶奶拜年，有义父母的要给义父母拜年。初二郎，初二上午女婿上门给岳父母拜年。初三孝新陵，是给头一年去世的亡人祭拜的专门日子，如果初三上门给亲友拜年是最不受欢迎的。初四以后拜年可以随意。

二、元宵节

正月十五为元宵节，又叫上元节，俗称散灯节，其习俗有：

（1）元宵节晚餐是春节最后一顿饭，比较丰盛。晚上夜宵吃糯米元宵。

（2）元宵节这一天，白天耍龙，晚上耍龙灯、耍狮子，晚饭后龙灯、狮子逐个院子耍，龙灯要下水，狮子要上水，中途会合时，龙逗狮子，互打招呼。

（3）灯火通明。正月十五晚上到处都点灯，室内点灯，走廊点灯，连厕所、猪栏里都点灯，没有茶油菜油点灯，就点枞膏火把。传说当晚老鼠嫁满女，点灯是方便老鼠送亲和迎亲。

（4）过了元宵节，叫作出宵，意味着春节过完了。从此互相见面，可以不讲拜年了。

三、清明节

清明节是祭祖扫墓的节日，也是宗族人聚会的日子。清明会是规模最大的酒席，动不动几十桌上百桌。新中国成立前，有的宗族祠堂有公田，发租收入用于清明会，资金不够的，各房族分摊。清明会的席位数按各房族分配，清明会的席位安排完全是按辈分排座，同辈的按年龄大小入席。

四、立夏节

立夏是二十四节气之一，祁东人将立夏当作节日过。立夏节有吃蛋的习俗，意思是吃了蛋经得累。立春后，鸡鸭进入产蛋旺季，除留孵仔的蛋外，所有鸡鸭的蛋都存起来，等到立夏这一天来吃。殷实人家的家主，在立夏节早上一次吃糖煮蛋 10 个以上。小孩子的标配为 3 个蛋，早餐一个踏蛋，中午一个盐蛋，还有一个红蛋用小网兜兜起，挂在胸前衣扣上，有的小孩舍不得吃，第二天还挂着。

五、端午节

端午节又叫端阳节，是官方第二大节日。我国古代为纪念爱国诗人屈原而设立，是仅次于春节的一个节日。农历五月初五是端午节，有闰五月的年份，端午节只过头五月，闰五月不重复过节。端午节的习俗包括：

（1）家家户户包糯米粽子和桐子叶粑粑。

（2）有送端午节礼的习俗，礼物以粽子为主，女婿给岳父母送端午节礼起码是 100 个粽子，岳父母对等数量回辞 100 个染红的熟鸡蛋。他们各自将粽子和鸡蛋送给邻居们吃，叫散分奖。

（3）端午节，早餐吃面条，中午有三牲，比较丰盛。粽子和桐子叶粑粑为点心。

（4）划龙船，端午节将划龙船作为赛事，有条件的地区年年举办，参观喝彩者众多。

六、尝新节

尝新节是一个感恩节，感恩天地的恩赐。尝新节没固定日期，一般为六月份。各家各户的尝新节的日期也不一样，待稻谷黄了，果蔬熟了的时候，家里人就去稻田里拉些黄稻谷，晒干后舂成米，蒸一碗新禾米饭，将当年摘的第一批茄子和辣椒做成菜。搬出八仙桌到厅堂屋阶级上，放上新米饭及新菜，焚香烧纸钱，放鞭炮，祭拜上天。祭拜仪式由家主主持，口中念道："尝新了，感谢老天爷的恩赐，今年风调雨顺，五谷丰登。"作揖谢恩完后将八仙桌移至厅堂屋神龛前，按祭天程序祭拜土地菩萨，感恩一方土地菩萨庇佑，获得好收成。再敬祖先，告诉祖先们尝新了，敬完后将饭菜端回家，全家人团坐在一桌，准备吃尝新饭，开吃之前，家主找块瓦片，从新米饭碗里挑一坨饭放在瓦片上，让自家的狗先尝，以谢狗恩。据传说，水稻种子是狗从很远的地方爬山过水弄过来的，过水的时候，稻种放在尾巴上，尾巴翘起使稻种不被水冲走，所以成熟稻穗也像翘起的狗尾巴。狗尝新后，家主先动筷子，然后按照伦序分食新米饭和新菜。

尝新节以后，别的蔬菜第一次上餐桌时，主人都要讲一句："老天爷啊，尝××新了。"除此，就是在地边摘一根豆角和黄瓜生吃尝新，也要告诉老天爷，"尝豆角和黄瓜新了"。如果有人尝新不告诉老天爷，那么来年他家的豆角和黄瓜不会结果实。虽是迷信，但祖祖辈辈都存有虔诚感恩之心。

七、月半节

月半节又叫中元节，是祭祀亡故亲人的活动，又称为"敬老客"。时间是阴历七月初九，断黑以后迎接，七月十四日断黑以后送走，接送招待都有一定的仪式。七月初九刚断黑，家主带着全家人到院门外的大路边烧纸钱，点香烛，放鞭炮，跪拜叩头，接"老客"回来。"老客"在家的几天，餐餐都有餐敬仪式，备三牲酒礼，敬酒、献饭、焚烧纸钱，将"老客"全当活人招待。第一餐和最后一餐餐敬时，家主带全家人跪拜叩拜保佑。阴历七月十四日断黑以后，在迎接"老客"的地方，烧纸钱、点香烛、放鞭炮，送走"老客"。

月半节的禁忌："老客"进屋后的几天，家里人禁止一切娱乐活动，不能讲"鬼"的字眼，也不能说"呸！"。餐敬时除家主主持外，其他人不要讲话。餐敬未完都不能动筷子吃饭，敬完后，要移动凳子，拿下筷子移动碗，将碗里的饭挑一点给狗吃，将每杯酒洒一点在地上，余下的饭和酒才可以吃。如果不挑一点饭出来和洒一点酒，直接吃了会没有记性。月半节其实是尽孝节，怀念先人，是孝的延续。

八、中秋节

中秋节是官方第三大节，阴历八月十五日为中秋节。中秋节也是团圆节。中秋节

有以下习俗：

（1）月饼是中秋节的特色，没有月饼不叫过中秋节，家家户户都做月饼或买月饼。

（2）中秋节有晚辈给长辈送礼的习俗，礼物有酒肉和其他物资，但月饼必不可少。

（3）中秋节挖芋子是一大特征。槟榔芋是中秋节晚餐的传统菜肴，有煮槟榔芋、槟榔芋蒸鸭等。

（4）中秋节晚餐也叫团圆饭，十分丰盛，鸡鸭鱼肉具备，外出的人都要尽量赶回家吃中秋团圆饭。

（5）赏月。如果是晴天，晚饭后，家里人将饭桌或茶几移至屋外，摆上月饼和其他点心，边吃边赏月。

（6）看月华。月华出现在八月十五日的下半夜。月华有两种现象：一是月光如水，从天上倾泻到地，色白如银，拖着长长的尾巴；二是光通过云层中的小水滴或小冰粒时发生衍射现象，在月亮周围形成彩色光环，内紫外红。传说能看到月华的人是有福之人，有时月华倾泻的地方会有很多银子，因此总有人在赏月以后继续守夜，想看到月华捡到银子，成为有福之人。

第三节　摆酒习俗

红白喜事、清明会、商务宴请、朋友聚会等，凡有 8 大碗主菜，2 道随菜，一道道上菜，且具有一定仪式感的筵席叫摆酒。摆酒都有一定的程序规矩，有特别的菜品，统称为摆酒习俗。

一、请帖

摆酒一般要约请客人，书面约请叫发请帖。

（一）发请帖时的各种称谓

发送请帖，就要知道发给谁，该怎么称呼。

1. 父族称谓

（1）父母，称父母亲大人，自称男×××。

（2）父亲的父母称祖父祖母，自称孙×××。

（3）祖父的胞兄弟称伯叔祖父母，自称侄孙。

（4）父之胞兄弟称伯叔父母大人，自称脉侄。

（5）父之胞姐妹夫妇称姑父姑母，自称内侄。

（6）祖父之同胞姐妹夫妇称姑祖父姑祖母，自称内侄孙。

2．母族称谓

（1）母之父母称外祖父外祖母，自称愚外孙。

（2）母之同胞兄弟称舅父舅母，自称愚外侄或愚外甥。

（3）母之同胞姐妹夫妇称姨父姨妈，自称愚姨甥或愚姨侄。

（4）母之伯叔父母称外伯叔祖父母，自称愚外侄孙。

（5）母之姑父母称外祖姑父外祖姑母，自称愚外侄孙。

（6）母之舅父母称姻舅祖父舅祖母，自称愚外甥孙。

3．妻族称谓

（1）妻之父母称岳父岳母，自称愚婿或子婿。入赘改姓女婿称妻子父母为父母，自称愚赘子。

（2）妻之祖父母称岳祖父岳祖母，自称愚孙婿。

（3）妻之伯叔父母称岳伯叔父母，自称愚侄婿。

（4）妻之同胞兄弟夫妇称内兄内嫂或内弟内弟媳，自称姐夫或妹夫。

（5）妻之同胞姐妹夫妇称姨姐妹和襟兄弟，自称襟弟或襟兄。

（6）妻之姑父姑母称姑父姑母，自称内侄婿。

（7）妻之姨父姨母称内姨父内姨母，自称愚姨婿。

4．姻戚称谓

（1）父之亲家夫妇(除自己岳父母外)称姻老大翁姻，自称姻侄。

（2）亲家之父母称姻大翁姻，或姻伯父伯母、姻叔婶，自称姻侄。

（3）儿子的岳父母称姻兄（姻弟）、姻嫂（姻弟媳），或称亲家、亲家母，自称姻兄（姻弟）。

（4）儿子的亲家夫妇称姻台，自称姻伯或姻叔。

（5）女之婿称贤外孙婿，自称愚外祖父母。

（6）姐妹之夫称姐夫妹夫，自称内弟或内兄。

5．师友称谓

（1）业师称老师，自称学生。

（2）业师之父称大老夫子，自称晚生，业师之母称大师母，自称门下晚生。

（3）子之业师称仁兄，自称教弟。

（4）对朋友称仁兄，自称愚弟。

（5）对地方长辈称世伯或世叔，自称世侄。

（6）对庚兄弟称庚兄或庚弟，自称愚庚弟。

亲朋好友有多种复杂关系，称谓务必准确，凡有亲戚关系的，按亲戚关系称谓，无亲戚关系的按长幼取称谓。务必自谦，自己辈分比别人高一辈用再世弟称自己，则

显得谦虚。

6. 丧贴常用称呼和用词释解

（1）显考：对去世父亲的称呼。

（2）显妣：对去世母亲的称呼。

（3）大人：对去世父亲的尊称。

（4）孺人：对去世母亲的尊称。

（5）寿终正寝：男性老人死亡。

（6）寿终内寝：女性老人死亡。

（7）堂奠：又叫客祭，发丧的头天下午，来客对亡者的祭奠，来客包括出嫁的女儿和孙女等。

（8）家奠：又叫家祭，发丧的当天早上，孝子、孝孙、孝侄对亡者的哀悼和追思。

（9）孤子、哀子：父亡，孝子自称孤子；母亡，孝子自称哀子；父母双亡，孝子自称孤哀子。

（10）享寿：60岁以上的老人去世叫享寿，不足60岁的人去世叫享年。

（11）承重孙、承重曾孙：老人去世，由长子负责丧事；长子先于老人去世，由长子的长子负责丧事。长子的长子又叫承重孙，类推就是承重曾孙，承重只认大房。

（12）宾敬：指客人夫妇。

（13）乔梓：指客人父子。

（14）公姓：指客人祖孙。

（15）萱桂：指客人母子。

（16）萱桂兰芽：指客人祖母和孙子。

（17）除灵撤座：给亡者烧纸化屋。

（二）红白喜事请帖的区别

1. 用纸区别

所有红喜事请帖都用红纸，白喜事用白纸。

2. 用墨区别

红喜事请帖用黑墨或金粉墨，禁用红墨。白喜事请帖的被请"姓名"称呼写在红框内，正文重点点红，"请"字用红墨。

3. 种类区别

红喜事用单帖；白喜事有单帖，也有讣帖，还有讣告哀启帖等。

（1）红喜事帖：

六月初五日十二时小儿洗礼洁樽恭迎

陈××阁下玉趾光

恕　催

李××鞠躬

▲ 三朝酒请帖

十二月初六日小儿正娶完婚是日下午五时喜酌

同观花烛次日上午九时喜酌谢客　恭请

谭××阁下玉趾光

恕　催

周××鞠躬

▲ 讨亲酒请帖

九月初九日堂构完工洁治喜筵

恭请

曾××阁下玉趾光

恕 催

王××鞠躬

▲ 修建乔迁请帖

家父农历六月初八日八十岁寿辰

先天下午五时暖寿酌初八日中午

十二时庆寿酌谢客　恭请

李××阁下玉趾光

恕　催

陈××兄弟鞠躬

▲ 寿酒请帖

（2）白喜事帖：

严父逝世

泣择于农历七月十八日家奠发靷先期哀屈候

光

锡光道左

殁存均感

孤子周××率期服孙泣血稽颡

周××

周××

▲ 单帖

护丧堂侄传大拭泪代告

孤哀子×××泣血稽颡

期服孙×××泣稽首

功服曾孙×××拭泪拜

期服侄×××（土） 冥中含哀

期服侄×××泣稽首

余服未列

▲ 讣帖

家兄传哲仁宾敬乔梓公姓

讣　告

请 友族戚邻

显考周公××行一老大人乡谥正直不意恸于公元二〇二二年壬寅岁二月初二日寅时寿终正寝距生于民国十三年甲子岁六月初二日亥时享高寿九十七岁变起仓卒未遑成礼不孝等随侍在侧亲视含殓停枢堂左遵制成服随俗修因延玄礼忏泣族　择农历本月初六日堂奠偕同显妣一并除灵撤座初七日家奠发靷扶枢登山安葬于老坟山之阳　　叨嘱谊业蒙矜恤俯赐鸿文吊唁敢扳玉趾请于堂奠日巳刻惠临锡光道左殁存均感

肃此讣

▲ 讣帖

讣告哀启帖是最复杂的丧事请帖，长达 10 页以上，前面有逝者遗嘱，有名人题词。哀启部分是介绍逝者生平、美德，实质是一篇悼文。此帖为豪门所用，一般家庭不用。本书篇幅有限，故此处样帖省略。

（3）路帖、路讣：

红喜事用路帖；白喜事用路讣。路帖和路讣是广而告之，是对隔壁院子的人或请或辞的大帖子。

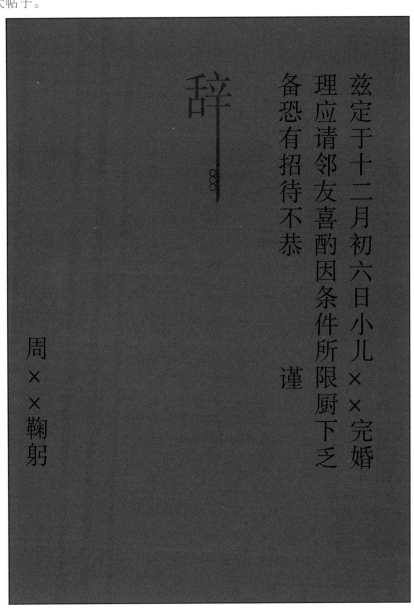

辞

兹定于十二月初六日小儿××完婚

理应请邻友喜酌因条件所限厨下乏

备恐有招待不恭　　　　　谨

周××鞠躬

▲ 红喜事路帖——辞帖

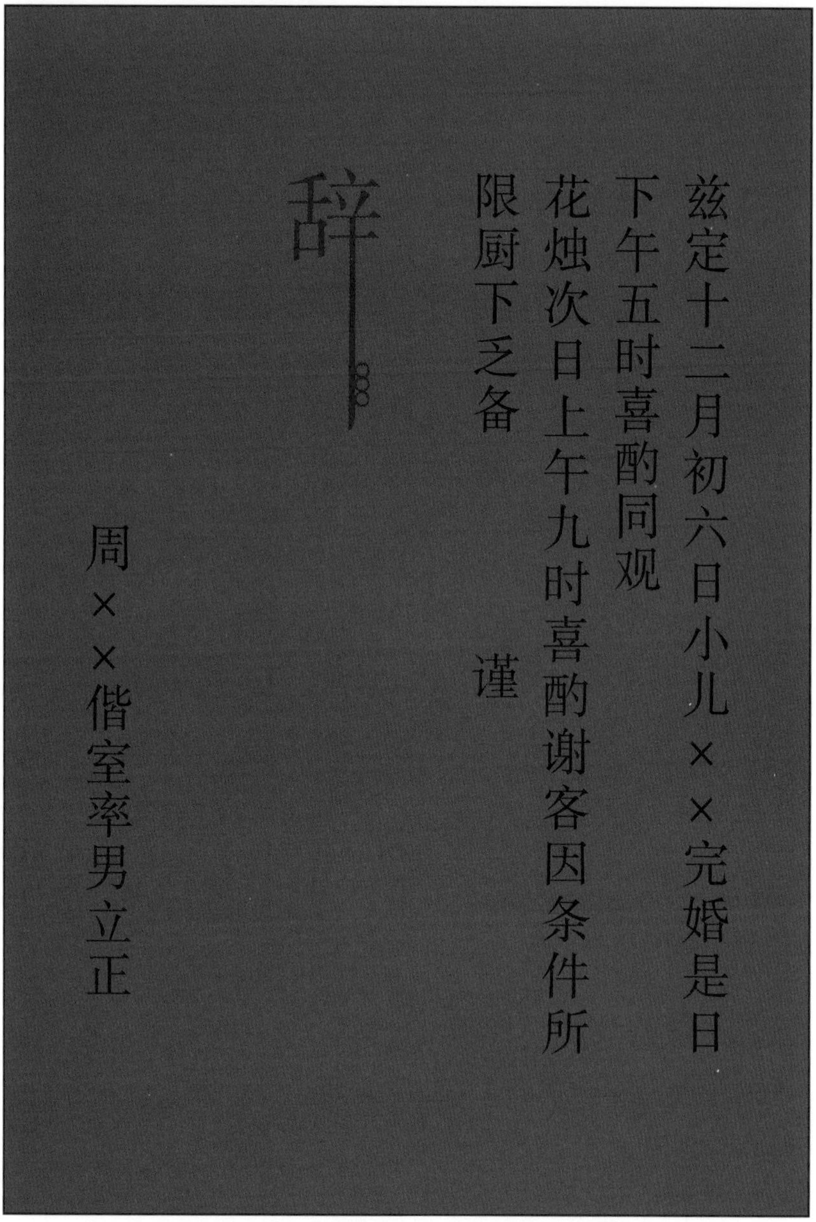

辞〓

兹定十二月初六日小儿××完婚是日

下午五时喜酌同观

花烛次日上午九时喜酌谢客因条件所

限厨下乏备

　　　　　谨

周××偕室率男立正

▲ 红喜事路帖——请帖

讣

辞

显妣周门李氏行一老孺人不意恸于公元二〇二二壬寅年

正月初十日巳时寿终内寝享寿八十五岁变起仓卒泣择正月

十四日堂奠十五日家奠发靷扶柩安葬于老坟山之阳　叨嘱

邻友业蒙日常矜恤殁存均感因条件所限厨下乏备　谨

孤哀子××泣血稽颡

期服孙×××泣稽首

护丧堂侄××拭泪代告　余服未列

▲ 丧酒路讣——请帖

二、送帖

帖子写好了，要送出去，怎么送？

（一）时间

嫁娶的时间早已选择确定，嫁娶帖在摆酒前 10 天就可以送帖；修建乔迁帖因完工的时间有不确定性，待完工的头一天方送帖；三朝帖视婴儿出生时间定，早上出生的，上午送出，当天其他时间出生的都在次日上午送出；寿酒帖可提前一星期送；丧葬酒帖为出殡前两天送。所有帖都是上午送，下午不送帖。

（二）送帖人

红喜事帖均由自己家里人送，显得亲近和尊重。如果帖子太多，自家人顾不来，也可委托叔伯兄弟送。但三朝帖必须是女婿到丈母娘家送帖，又叫报喜。送三朝帖时，自带鞭炮，未进院门就点响，岳父岳母听到鞭炮放得响，放得长，高兴得合不拢嘴。白喜事不同，孝家不能送帖，都是安排别人送。

（三）送帖人待遇

受帖人对送帖人不管是主家人还是主家请的人都会以礼相待，能留餐的留餐，不能留餐就送些吃的。红喜事的就给个赏封，白喜事的给个脚力钱。

三、迎宾

迎宾是摆酒过程中的重要环节，酒席办得好不好，首先看迎宾，迎宾规格高，很隆重，宾客高兴，酒席就成功了一半。最具仪式感的迎宾是嫁娶和丧葬迎宾。

（一）嫁娶迎宾

嫁娶是联动的，都在同一天，中午是新娘家摆花桌酒，晚上是新郎家的讨亲酒。嫁娶的当天清早，天未亮，新郎家的迎亲队伍就出发。挑夫挑上新娘花桌酒所需要的鸡、鱼、肉、大米、酒等主要食材品种，轿夫抬着花轿，有的扛着轿杠。乐队备好乐器，新郎穿新郎装，陪亲整装。新郎和陪亲各带新油纸雨伞一把。整个队伍浩浩荡荡向新娘家出发，离目的地差不多 1 公里地时，乐器响起，鞭炮齐鸣，这是宣告迎亲队到了。新娘家的迎宾队伍即时出动，一路向前迎接新郎家的迎亲队伍。两支队伍会面时，迎宾队伍掉头，引迎亲队伍进大院。首先接过新郎和陪亲的雨伞，如果新郎是骑马来的，事先准备下马桩，方便新郎下马。一进屋就有人端上倒了温水的洗脸盆，递上新毛巾，让新郎和陪亲洗脸洗手。然后招呼入座，奉上烟茶果品。新娘家招呼其他

迎亲一行进屋入座，以烟茶相待。稍事休息，轿夫进行嫁妆抬盒的整理。

花桌酒散席鞭炮一响，所有迎亲送亲人员立即各就各位，准备迎送亲，所有抬盒的人员整队在前，迎亲乐队在其后。依次为新郎、陪亲、花轿、送亲队伍。新娘上轿前会哭嫁，母女姑嫂姊妹相拥相泣，依依不舍，迎宾乐器鸣响以示催促，等新娘和押轿男孩子上轿后起轿，鼓乐齐鸣，铳响连天。送亲队送一程后，迎亲方打招呼，请送亲队止步。这样连续三次，最后新郎前去打躬作揖，送亲队方才止步。

迎亲队快到家时，乐器、铳炮齐鸣，新郎的家人，街坊邻居及来宾全部出动迎接，热闹非凡。新娘下轿后，与新郎被双双引入厅堂，拜堂成亲。新郎新娘拜堂后进入新房，迎亲结束，宾客等候开席。

（二）丧酒迎宾

丧酒迎宾就是迎外婆家人，约定俗成的到达时间是巳时，一般为上午 10 点左右。迎宾队伍都是提前出发，在几里路外，比较宽阔，能登高望远的地方等候。孝子孝孙穿麻衣孝服，其余人员包括乐队都穿白色号衣，戴号帽，俗称"满堂号"。迎宾道具有：一条大黄龙，一顶黄凉伞，三角彩色旗幡十数杆，全套响器加唢呐，鞭炮、地铳、手铳。当外婆家人悼丧队伍出现时，乐器齐鸣，铳炮连天，旗幡飘扬，黄龙舞动，黄凉伞大开，全体孝者跪地迎宾。悼丧队伍一到，两条龙汇合。舅舅将跪在地上的孝者们一个个拉起来。舅舅不拉，任何人不能起身。全部拉起后，两队变一队。依次是：两条黄龙一前一后，旗幡、乐队、黄凉伞。舅舅在黄凉伞下，撑伞人与舅舅同步，其余贵宾随后，迎宾的孝者紧跟。到家门时，早已准备的长鞭炮（俗称"万子联"）响起迎接，客人进到院内，礼部逐一送上号衣，穿戴后依次参灵，迎宾结束。

四、人情礼

吃酒席随礼送份子钱是人之常情，摆酒人家收礼是约定俗成之事。礼尚往来，中华传统。人情礼有钱有物，送礼人都要打好包封，红喜事用红色包封，白喜事用白色包封，包封上可以写上一段文字并署名，也可以只写送礼人的名字，名字定要写工整。举例：

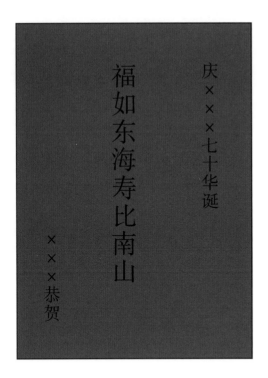

▲ 贺寿礼封（1）

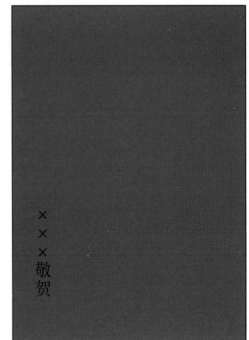

▲ 贺寿礼封（2）

▲ 悼丧礼封（1）

▲ 悼丧礼封（2）

有些礼物不便打包封的，如悼丧的祭奠花圈，要写飘带并落款。人情礼无论钱物，主家都要上人情薄。其中规模大的嫁娶和寿宴需要请人代收人情礼，特别是丧葬酒是礼部全程办理，要挑选认真细心、靠得住的人做事，确保账目清楚，登记工整。登错人情是犯大忌。

五、排席

酒席排席就是安排好客人的座次，这是酒席很重要的环节，其中场地的选择、桌子的摆放、位次的排法都很重要。

（一）场地的选择

摆酒应在祠堂或本族厅屋举行，单独院子的人家办酒在自家正屋举行。上席位的背景不能有窗户，有窗户的要将窗户封起来。

（二）桌子的摆法

红喜事和白喜事的正席都是南北席，一排两桌，标准厅摆三排六桌。白喜事的先期酒，因场地窄，有的摆成东西席，有的摆成品字形。传统摆酒席的桌子都是八仙桌，八仙桌桌面由两块木板拼成。木板一大一小，材质为杂木，不油漆，要保留中间一条缝，此缝犹如象棋棋盘中的楚河汉界。大木板在上方，中间缝对东西方。八仙桌不够，用四仙桌代替。四仙桌有四条边框，摆放时，中间嵌板的直缝同样对东西方向。

（三）位次的排法

位次安排的总原则是以北方为上，东方为大。桌子直缝所指方向为陪席位。

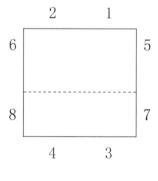

▲ 独桌席

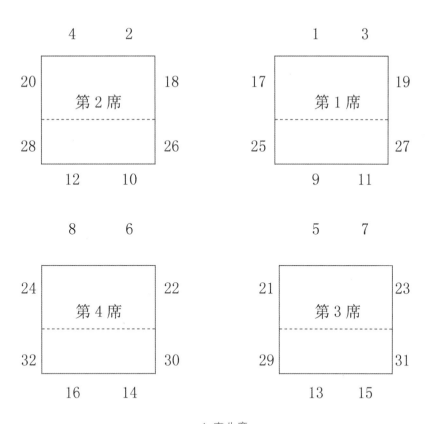

▲ 南北席

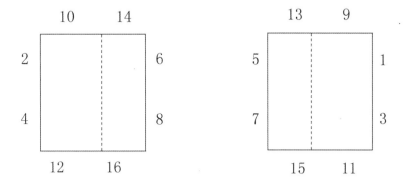

▲ 东西席

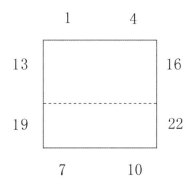

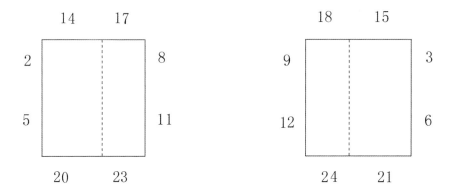

▲ 品字形席

注：东西席、品字形席仅在丧葬先期酒因场地有限才出现。

席次排位理清后，对号入座很关键。酒席排座次是门学问，总原则是按亲疏，按辈分确定座次。重点是1、2号位由谁坐合适。三朝酒，爷爷坐1号位，外公坐2号位；花桌酒，新郎坐1号位，舅舅坐2号位，陪亲坐3号位；上梁酒，舅舅坐1号位，叔叔坐3号位；第2席和第3席都是工匠师，2号位和4号位由师傅自行推定安排；寿酒，寿星坐1号位，亲家或姐夫妹夫坐2号位；丧葬酒，大舅舅坐1号位，大舅舅不在由大舅舅的长子坐1号位，二舅舅坐2号位，大舅舅的长子可以将1号位让给二舅舅坐，不让也没有错。

酒席排座是件大事，主人很重视，客人很在乎，包括家宴在内的任何宴席都如此。因为排错位置而发生纠纷的故事很多。

有次丧葬宴，行堂将主桌摆错了方向，桌面直缝对准舅舅。舅舅发现后不入座。旁边客人提醒行堂，行堂才将桌面方向调整过来。至此，只要行堂和礼生向舅舅道个歉，放鞭炮复礼，舅舅会原谅的。但行堂调整桌面后就忙别的事去了，并未道歉。舅舅很气愤地离开现场，司厨也不知道舅舅没入席，安排开席上菜。舅舅觉得很受辱，忍无可忍，拿把锄头将一口煮菜锅敲烂。事情闹大，所有人都惊呆了。得知原委后，大家都觉得接待失误，礼节不到位，是对舅舅的不尊重，反而没人指责舅舅的不对。于是，行堂和礼生全部向舅舅道歉认错，放鞭炮复礼。孝家晚辈全部跪地磕头，得到舅舅原谅后才复席。

还有一个故事，一位年轻人去别人家做客，其他人没入座，他一屁股坐到上首位。主人见状，请他坐到陪席位，他不愿意动。引起其他客人笑声一片。这事告诉人们，宴席座位不要乱坐。不懂规矩不要紧，听主人安排就行了。

（四）现在的各种排位法

1. 会议座位排位法

基本原则是东方为大，视单数和双数确定。看职务资质，按在职、不在职的顺序排位。

主席台排位：

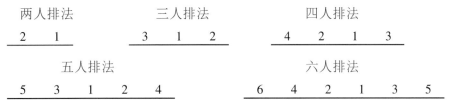

前排听众排位：

听众席单数排法：　7　5　3　1　2　4　6

听众席双数排法：　8　6　4　2　1　3　5　7

听众席中间设过道的排法又不一样：

```
          ┌─────────────────┐
          │      主席台      │
          └─────────────────┘


  9   7   5   3   1      过      2   4   6   8   10
                         道
```

2. 条桌席位排法

条桌席有两大基本特点：一是主宾相对应排座，二是主人方坐东方，面朝门，主席台在主人后方或右方。条桌又分为单条桌和双条桌。

（1）单条桌。

单数排法：

主席台

主方

7　5　3　1　2　4　6

7　5　3　1　2　4　6

客方

双数排法：

主席台

主方

8　6　4　2　1　3　5　7

8　6　4　2　1　3　5　7

客方

（2）双条桌。

两端不坐人。主客相对而坐，主人方坐东方。在外交场合，主、客都是按国旗方向坐。主、客方人数相等，职别相同。

单数排法：

双数排法：

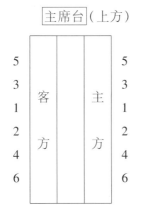

主席台换了方向，排法又不同。

3. 圆桌席位排法

主人位的杯花最高，副主人位的杯花次之。上菜、上酒、换毛巾都是从主人、副主人右边的客人开始顺时针上。撤盘时从主宾和副主宾右手边逆时针撤，也叫作左上右撤。

设主人、副主人的宴席是高规格的宴席，一般适用于官方宴请。县委书记、县长同时参加宴席接待，县委书记坐主人位，县长坐副主人位，宾客按级别相对应入座。

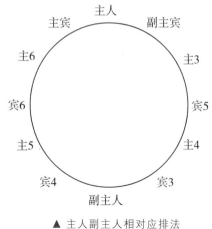

▲ 主人副主人相对应排法

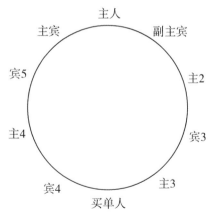

▲ 从左到右顺手排法

只设主人位的宴席一般为家庭宴请、朋友聚会或商务宴请。上菜、上酒，从主人右手边起往左上，即先上主宾位，再上主人位。撤盘时从主宾右手边第一位往右撤，这叫左上右撤。作为客人，不能坐主人位和买单人位。主宾位和副主宾位听主人安排坐，其他位可以随意坐，最好是主人和宾客交叉坐。

4. 合影时排位法

大合影时的排位一般是一排坐，二排站，三排以上搭站台。一排座位按职务、资历、年龄确定。

单数排位：	5	3	1	2	4	
双数排位：	6	4	2	1	3	5
双人合影：	2	1				
男女合影：	女	男				

六、开席

开席的时间：早席是早上 9 点；午席是中午 12 点；晚席夏天为下午 6 点，冬天为下午 5 点。各种酒席开席的基本环节相同，但各有不同的仪式和内容。

1. 启席

启席放两通鞭炮，第一通长鞭炮，催客入席。相隔 20~30 分钟放第二通鞭炮，正式开席。备有乐队的酒席，放鞭炮时，乐队同时响起，一般持续 3~5 分钟。

第一道菜上桌后，有请礼生的由礼生举杯发话："主家办事，有劳各位降步，今备薄酒，聊表谢心。第一道看到，请啊！"没请礼生的酒席由主人或族人发话请酒，并举杯先喝，随即乐队的唢呐响起。这样上完第三道菜，连请三次，叫酒过三巡。第四道菜是鱼，鱼到酒止，不再请酒。但酒还是照样上，客人继续随意喝。行堂精准服务第

1、2 主桌，保证客人酒杯不空，如果客人倒扣酒杯，说明行堂服务不好或说错了话，客人生气了。行堂要真诚道歉，求得谅解，直到客人同意斟满酒为止。

2. 腰席

第五道菜上完后，暂停上菜，响一通鞭炮，唢呐等乐器鸣响 2 分钟，进入腰席。行堂帮客人递茶、奉烟；行堂给每个桌上放两个空碗，其中一个碗里放点红纸，这是厨房和行堂抄赏。有红纸的碗代表厨房，没有红纸的碗属于行堂和帮忙的人。客人放赏钱时两个碗都应放。如果红纸搭在两个碗上，说明厨房和行堂没有分开，客人的赏钱可放一个碗里。抄赏钱又叫脸面钱，客人可多放可少放。但坐主桌的人少放不行，特别是新郎官放少了，别人会起哄。所有桌上的抄赏钱收拢后，他们各自分配。

不同的酒席，腰席的内容不一样，侧重点不一样。**三朝酒**：主人抱"毛毛"(注："毛毛"就是新生婴儿)给每桌客人看，客人给看钱红包。**讨亲酒**的谢客酒：新娘出场见面，又叫看新妇娘。主人谢媒后，有人准备了筲箕，让媒婆坐"汙箩桥子"。**逢一酒**：寿星致感谢词，退该退的人情红包。**上梁酒**：结清已完工师傅工程款，给师傅们和风水先生发红包。**丧葬酒**：孝子孝孙跪伏堂前，舅舅将其逐个扶起，对他们训话，也叫"堂前教子"。

3. 复席

腰席进行半小时左右，放一通鞭炮，乐队奏乐一曲，客人各自就位，复席上菜。司仪不再请酒，愿意喝酒的客人随意，客人尽兴，主人高兴。当地有几种助兴喝酒的娱乐形式。

(1)猜拳。两人一组，同时出右手。以石头、剪刀、布的方式定输赢，输的一方喝一杯酒。猜 10 次算一轮，为增加气氛和统一出手时间，每一轮从 1 ~ 10 都有喊号令：一点红，哥俩好，三开泰，四方财，五魁首，六六顺，七星照，八八发，九登高，全都寿。喊一句算一次输赢，一轮下来，运气不好的最高纪录是连喝 10 杯。

(2)划枚。两人对划，同时叫数，同时出手指，谁叫的数与两人的手指代表的数相加数相等，算赢。输的一方喝一杯酒。数字都没对上重新来。叫数的口令为：点撮撮，兄弟俩，三桃园，四季发，五魁首，六六顺，七匹马，八字好，九长寿，全堂开。手指代表的数字为：食指伸直代表 1，食指中指同时伸直代表 2，食指中指无名指同时伸直代表 3，四小指齐出代表 4，五指全伸出代表 5，拇指与小指同时伸出代表 6，小指弯勾代表 7，拇指与食指同时伸出代表 8，食指弯勾代表 9，大拇指伸出代表 10。

(3)吟诗。两人一组，一方吟上句，对方接下一句。或者一方先吟下一句，对方吟上一句。吟错了和不会吟算输，输的喝一杯酒，出题者和答题者可互换。

(4)对对子。对子就是对联，一人出上联一人对，对不出或对不工整，算输，输方喝一杯酒。如甲方出上联"鸡饥盗稻童筒打"，乙方对"鼠浒梁凉客咳惊"。对仗工整，

乙方胜，甲方喝酒一杯。

（5）行令。行令是对对子的高级形式，令就是在对联中要嵌入的字或词语，其意要通顺，对仗要工整。相传有一次书生和土豪喝酒，书生出令：上下联都要包含"尖尖""圆圆""万万千""千千万"。书生的上联为：笔头尖尖，砚池圆圆，我用过的笔墨万万千，写过的文章千千万。上令一出，土豪愣住了一会，伸手端酒杯，结果弄丢了一根筷子，正弯腰捡时，突然脑袋一拍来了灵感，脱口而出：筷子尖尖，杯碗圆圆，我吃过的美食万万千，我喝过的佳酿千千万。虽然俗气点，但嵌字自然，对得工整，故书生输。

复席以后，上完三道大菜，再上两道随菜，喝酒的喝酒，吃饭的吃饭。放一通鞭炮，宣布筵席到此为止，愿意继续喝酒的可继续喝。

七、酒席的特点和禁忌

（一）三朝酒

（1）不能上"头牲"这道菜，只能上煮熟的染色红鸡蛋。

（2）人情钱当看钱。如果先送了人情钱，主人抱"毛毛"出来时，不给看钱有点尴尬。

（3）婴儿落地后，第一个进院子的人叫达生人，主人将达生人当贵人待，当天招待吃饭喝酒，三朝酒也请达生人入席。

（二）花桌酒与讨亲酒

（1）闺女出嫁，花桌酒和讨亲酒任何菜都不能放生姜，第二天讨亲酒的谢客酒又必须放生姜。因为祁东口音"姜"和"张"同音，"开姜"可能误会为"开张"。

（2）人情钱都要在开席前送到，不能后补。已经送了人情，不能送第二次。

（3）人情钱一律不能退。

（4）二婚女人或寡妇不能参与酒席的接待，更不能进新房。

（5）迎亲队伍与送殡队伍相遇时，死者为大，迎亲队伍应主动停下来，花轿和所有人靠边让路。同时，点燃随带的鞭炮。

（三）逢一酒

（1）祁东人每十岁的大生日摆酒，回避"满"。如五十九岁生日，叫平六一，不摆酒。六十岁叫逢一，即六十一岁，回避"满"字，摆酒庆祝叫逢一酒。平常年生日叫散生，散生一般不摆酒，但亲戚也会来贺寿，家庭招待叫家宴。

（2）不给老亲戚、老朋友发请帖，因为老亲戚、老朋友都记得主家的生日，能来的都会来，发请帖显得生疏。

（3）只要有长辈在，晚辈就不能办逢一酒。

（4）可以补送人情。

（四）上梁酒

（1）上梁酒在竣工的新房进行。

（2）工匠们的桌子上头牲这道菜时，不上鸡块，只能上鸡腿，每人一个。

（3）新房摆酒前要放压梁，确保安全。

（五）丧葬酒

（1）白豆腐是丧葬期一道标志性的菜，治丧期间每餐都有这道菜，在先期酒和谢客酒中是随菜之一。

（2）送人情应在先期酒开席前送，不能补送。

（3）用邻居家的房子办事，门上必须用红纸写上"借用"或"租用"。

（4）送殡起步，所有丧事布置同时撤除。

（5）兄弟分摊丧事开支，姊妹只出人情钱，不参与丧葬费开支分摊。

八、酒席管理

办酒席是件大事，人生一辈子办不了几回。办一次酒席留给亲朋好友的印象很深刻。酒席办得好不好，不是舍不舍得花钱的问题，关键是管理得好不好的问题。若管理不好，花再多的钱也办不好，钱花得越多，留给自己的遗憾越多。

各种酒席的规模不一样，办酒席出资的主体不一样，管理的难度和要求也不相同。丧葬酒的管理难度是最大的，孝子不主丧堂事，办完后，兄弟只听算盘响。因此，特举丧葬酒的管理为例。

1. 管理机构

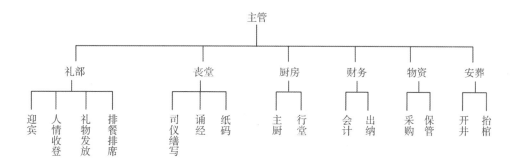

▲ 丧葬酒管理机构

2. 酒席预算

丧葬酒有两席，出殡的当天为正席，头天晚上为先期。凡在逝者生病期间前去看

望过的，都请正席。请了正席，又请先期席叫另请。正席客人多于先期客人。比如：预计先期 25 桌，正席至少有 30 桌，在预算的时候要留有余地，备 5 桌，防止"砸箍"。

酒席预算表（共 60 桌）

品种	数量	单价	小计	备注
猪肉	480 斤	20 元/斤	9600 元	8 斤/桌
鸡	60 只	120 元/只	7200 元	1 只/桌
草鱼	180 斤	10 元/斤	1800 元	3 斤/桌
猪肚	40 斤	60 元/斤	2400 元	
猪肝	30 斤	15 元/斤	450 元	
猪脚	150 斤	20 元/斤	3000 元	
鸡蛋	60 斤	10 元/斤	600 元	
黄花菜	10 斤	30 元/斤	300 元	
干笋	20 斤	40 元/斤	800 元	
红枣	60 斤	15 元/斤	900 元	
海带	30 斤	16 元/斤	480 元	
黄豆	50 斤	8 元/斤	400 元	
青红椒	200 斤	10 元/斤	2000 元	青红各半
红糖	60 斤	5 元/斤	300 元	
茶油	60 斤	80 元/斤	4800 元	
盐	20 包	7 元/包	140 元	
其他作料			100 元	
大米	150 斤	2 元/斤	300 元	
合计			35570 元	

注：米酒、烟按实际用量另计。

3. 钱物管理原则

（1）现金负责制。出纳、采购凡经手的现金发生短款，无理由赔偿。

（2）实物负责制。实物进出都有手续，发生短少后都要有个说法，该赔的赔。比如：某某领了 5 条烟，散给客人每人一包，只散了 40 人，还剩一条，经手人必须将其退回到原处。

（3）账账相符原则。现金和实物都设总账和分账。其中现金收入和支出分开设账。总账和分账，现金账和实物账都要有数，账账相符。发生账账不相符、现金账实物账不符的情况，必须弄个水落石出。

（4）手续齐全原则。现金和实物进出都要有手续，实物出仓要有领条，现金支出要有借条。如现金借条：

今借到

财务部×××现金伍仟元整，作购买猪肉备用金。

会计签字：

借款人：×××（盖章）
××××年×月×日

现金领用人要报账，必须有正规"发票"，白纸条不能报账。所谓正规"发票"不是全要求税务发票，是指符合发票要素的票据。

发　奉

新鲜猪肉（去骨）叁佰壹拾伍斤，单价壹拾伍元，共计肆仟柒佰贰拾伍元整。

发奉人：官家嘴张××（章）
××××年×月×日

此"发票"经采购、验收、保管负责人和会计签字后可报账。

（5）财务透明原则。财务收支登记清楚，手续完备，内部可查账、对账，主管可随时抽查，可接受送礼人查账。最后将账本交给主家，经得起检验。张榜公布的有两项，其一是抄赏费，唱收唱付，每个人都清楚；二是送帖赏钱。

送帖赏钱公布榜

送帖人	受帖人姓名和地址		打赏金额
周 ××	×××	草源冲乔木村	20 元
陈 ×	×××	官家嘴枫木冲	15 元
李 ×	×××	白竿头新塘	20 元
肖 ×	×××	黄土铺四马	20 元
合计			75 元

此榜公布，能检验送帖人是否私藏打赏钱，打赏人也知道自己打赏的钱有没有被瞒报。

第四节　家宴习俗

家宴就是在家里招待客人喝酒吃菜吃饭。比较丰盛比较隆重的家人聚餐，即使没有客人也叫家宴。在此我们仅介绍接待客人的家宴习俗。

1. 迎宾

家宴迎宾不搞路迎，如有重要客人，派小孩到院子外面等候，发现客人来了，叫家主出屋迎接。除春节和接待重要客人外，一般不动用鞭炮。主人见到客人，打躬作揖道："有接你哟!"客人回答："不用接哟。"主人接过客人礼物，引客人进屋。

2. 客人留宿

春节的拜年客和生日来贺寿的客，都是留住两天两晚。平时来客和来家做工的手艺师傅基本不留宿，特别是年龄大的客人，俗话说："七十不留宿，八十不留餐。"

3. 客人留餐

留宿客人每天三个正餐，加夜宵和过早。夜宵吃瓜子花生和面条，嗜酒客人边吃面条边喝点酒。过早一般是红枣或桂圆肉煮鸡蛋，祁东县东边地区的习惯是客人不能将过早的鸡蛋吃光，两个要留一个，三个吃两个，但如果主人将每个蛋都戳烂，那么客人可以把鸡蛋吃光。祁东县西边地区没有留蛋的习惯，碗里的鸡蛋有多少吃多少。做手艺的师傅每天三个正餐，加上午茶和下午茶，名义上是茶，实际是点心和小吃，根据劳动强度确定点心和小吃品种。夜宵、过早、上午茶、下午茶都不是家宴，只有喝酒吃菜吃饭的三个正餐才是家宴。

4. 家宴菜谱

家宴讲究三牲酒礼，三牲是鸡、鱼、肉，酒是米酒和封缸酒(又叫压酒)，无酒不成礼，有酒不怪菜。蔬菜一般不单独成菜上桌，但黄芽白放红薯粉丝可成菜上桌，槟榔芋、红薯粉丝、油豆腐、豆腐干和水豆腐可单独成菜上桌。家宴菜没有汤菜，上汤菜是对客人不敬，主人小家子气。菜品分量根据客人人数确定，通常是4道、6道或8道。如招待两位篾匠师傅，4道菜：蒸腊鱼，蒸米麸菜，蕌子爆蛋，辣椒炒豆腐干。如招待6位客人，6道菜：清蒸鸡，煮草鱼，熬滚刀肉(双份)，黄芽白煮红薯粉丝(双份)。春节待客8道菜：杂烩菜(双份)，清蒸鸡，煮冻鱼，熬滚刀肉(双份)，熬油豆腐(双份)。

5. 家宴摆台

原则上主位摆在不靠窗户的一方，但每个家庭条件不一样，有的饭堂四面墙不是有窗户就是有门，有的既是饭堂又是厨房，只能因陋就简，按照每个家庭的实际情况和习惯摆法，但桌子的大边要在主位方。八仙桌四边各摆一条双人凳，坐 8 个人，如果有 9 个或 10 个人吃饭，就在主位对面的两个角加单人凳子，这种情况叫"挂角"。餐具的摆法：每个座位摆放一个酒盅、一个调羹、一双筷子，筷子架在调羹上，酒盅在左，调羹筷子在右。家宴菜是先摆放好，客人才上桌。菜的摆法：主菜摆上位方，有双份的菜一边一份对称摆。4 道菜摆桌子的中央呈方形；6 道菜摆两排，朝主位方的是 3 道菜；8 道菜摆两排，朝主位方的是 4 道菜。没有客人的家宴，菜的道数不一定成双，3 道菜摆桌子中央成三角形；4 道菜摆方形；5 道菜摆圆形，中间一碗，周边 4 碗；7 道菜摆圆形，大碗或钵子菜摆中心，其他菜在其周围均匀摆放；9 道菜摆成井字形，一边并排摆两碗，井字中间摆一碗。

6. 家宴排位

一般家庭的家宴是独桌宴，大户和豪门的家宴一般不止一桌。家宴最大特点是男主人要出面陪客，男主人不在，成年长子可坐主人位陪客，长子未成年，可请伯伯叔叔坐主人位作陪。座位排法：上方东边位为主人位，主人位的右边为主宾位，上方的对应位为其他客人位，东西方为陪席，主家人和一般客人都可以坐。家宴如有两桌，可并排摆东西席，也可摆上下南北席。

7. 家宴注意细节

（1）主人不能问客要不要杀鸡，不能向客人征求意见吃什么菜。客人不能向主人提出吃什么菜的要求，应做到客随主便。

（2）主人、客人入席，主人要主动站在主人的位置上，客人才好找位置坐，而且可防止不懂规矩的客人坐上主人位，出现尴尬。

（3）家宴入席，主人和客人都要按照饭桌上的基本规矩用餐。

（4）家妇和小孩不能上桌，不能在饭堂看着客人吃，可带小孩们出去玩，待客人吃完后再叫他们回来吃饭。

（5）主人向客人递饭、递茶、递烟都要用双手奉上，待客人接稳后才松手，同样，客人应该双手接。当主人帮客人斟酒添茶水时，客人应表示"谢谢"，同时，右手食指和中指弯曲，用指节骨点敲两下桌面。

（6）主人陪客要主动带头喝酒吃菜，主动用干净筷子散菜给客人吃，表示主人的诚意。特别是鸡和肉，主人不散，客人不好意思动筷。

（7）请酒碰杯时，晚辈的酒盅不能高于长辈的酒盅，高了就是装大行为。

（8）主人未请酒敬酒前，客人抢先敬酒是喧宾夺主行为；客人主动散菜给其他客人，或者代替主家斟酒添饭等，同样是喧宾夺主行为。

（9）帮客人装第一碗饭时，定要装两下，送饭上桌时不能问客人"哪个要饭"。饭煮得充足，第二碗饭让客人自己添，如果主人坚持帮助添第二碗，说明锅里的饭不多了，

怕客人看见后不好意思再添了，客人吃饭应适可而止。

（10）客人没放下饭碗，主人不能先放；客人若看到主人故意放慢吃饭速度，客人应加快吃饭速度。

（11）主人留不留客，是看动不动那碗鱼。一般生日和春节做客会住两晚，但也有特殊情况，主人不能留客两晚了，又不好明显地下逐客令，因此用动鱼来表达意思。能表达意思的是3种鱼，即冬天煮的冻鱼，上半年蒸的腊鱼，夏秋用的木鱼。主人将冻鱼戳烂，或给客人散腊鱼，或将木鱼拿掉，表明吃完饭客人该走了。当然有时做客第一餐就吃了鱼，主人仍然坚持留客，那一定是荷折皮煮鱼或是红薯粉丝煮鱼，吃的不仅是鱼。

（12）饭后客人辞行，主人接客人所送礼物的一半，将装有一半回辞的篮子或包袱递给客人，客人要求主人接下全部的礼物，双方推让一番。

（13）春节期间送客，一般都放鞭炮，若平时送客放鞭炮，那一定是送贵客。

第五节　饭桌基本规矩

餐桌文化是人类社会文明进步的一种体现。祁东县的饮食传统文化缺乏详细的文字记载，餐桌上的规矩都是通过父教子、世代相传至今。归纳起来饭桌上至少有如下基本规矩。

（1）长辈没上桌，晚辈不能先上桌。

（2）晚辈不能坐长辈的上位座，出外做客，要听从主人安排入座。

（3）长辈未动筷子，晚辈不能先动。

（4）家主不落座不开餐，主要客人未到不开席，朋友聚餐三不等一。

（5）坐双人木凳时，应坐在适当的位置，越界坐会将别人挤到凳子的边缘。为安全起见，起身时要提醒同凳人"坐稳"才起身。

（6）不要两肘撑在桌上吃饭。

（7）正确端饭碗的方式是左手大拇指压住碗口，其余四指兜碗底，这样端碗才端得稳。

（8）拿筷子不能用左手，不能握拳头。一个人如果筷子拿不好，就得不到他人的好印象。小孩子到了读书年龄，必须学会正确拿筷子。

（9）筷子不能架在碗上，除非是献饭。不能用筷子敲碗，只有叫化子才敲碗。

（10）饭前要洗手，早饭前要刷牙漱口。

（11）吃饭时不要抠鼻子和抠头皮，抠了鼻子和头皮就不能拿饭勺盛饭。

▲ 正确的端饭碗方法

▲ 正确执筷方法

（12）吃饭时不讲话，口里含着饭菜讲话会饭菜渣四溅，不雅观。

（13）吃饭时咳嗽和打喷嚏，要背转身或离开饭桌。

（14）吃饭时要抿着嘴慢嚼慢咽，不能发出"吧唧吧唧"的响声。

（15）不能边吃饭边用筷子剔牙。

（16）夹菜时饭碗要靠近菜碗，避免掉菜掉汤。

（17）吃多少装多少，碗里不能剩饭剩菜。自己掉在桌上的菜捡起来吃掉不是丢丑的事。

（18）给别人装第一碗饭时，必须装两饭匙。

（19）给人递饭递酒递茶递烟，必须双手奉上，对方（除长辈外）应该双手相接。

（20）不能去锅边吃偏食，更不能在锅里和碗里用手抓东西吃。

（21）吃鱼有讲究，大年三十晚餐不能吃鱼。在别人家做客，主人不动鱼，客人不能动鱼。主人动了鱼，说明不留客了，客人吃完饭就得走人，不能当赖子客。

（22）尊老爱幼，要让老人吃好，要让小孩吃饱。吃头牲时，鸡胸肉、屁股肉、内脏是给老人吃的，鸡腿是给最小的男孩子吃的，最小的女孩子吃翼肘。

（23）吃饭不能开抢，饭菜不够时要匀着吃，相互让着点吃，不能只顾自己吃饱，抢菜抢饭是为人所不齿的行为。

（24）要考虑别人的禁忌和爱好，知道别人不吃狗肉，应该让他吃鸡肉，自己不能先吃鸡肉再吃狗肉。总之，在饭桌上别人喜欢吃的菜自己少吃，别人不喜欢吃的菜自己可以多吃。

（25）同桌吃饭，身体康健的人要关心照顾残疾人，要帮助行动不便的残疾人装饭和夹菜，特别是对盲人，不能因为对方看不见，就将好吃的菜都自己吃了。欺负残疾人，那是最缺德的行为。

（26）主人起立敬酒时，客人都应起立，敬酒的人应该先喝。互相敬酒时已经碰过酒杯，敬和被敬都得干杯，不碰杯可以不干杯。凡别人敬了你酒，你得回敬，以示礼貌。如果不能喝酒，可以以茶代酒，但必须说明杯中是茶水。

（27）主人在客人进屋前，要搞好环境卫生，室内卫生，用具、餐具等卫生。穿着要得体，注意个人形象和卫生，这是对客人的尊重。

（28）客人穿着得体、整洁，也是对主人和其他客人的尊重。

第六节　饮食十防

饮食就是吃喝，看似平常和简单，实际存有诸多风险，稍有不慎，轻者伤身，重者致命。因此饮食的各种意外，不得不防。

1. 防毒

食物里致命的毒素来源有两种，一是自然毒素，如毒蘑菇。二是人为投毒，如砒霜。传统的预防有三法：（1）用纯银筷子插入食物或酒水里，银筷子变黑证明有毒；（2）将食物先让鸡和猫狗等动物试吃，没有问题后，人再吃；（3）酒水里含毒的话，将酒水倒在地上就会冒白烟。

2. 防烫

人的口腔、食道和胃承受的最高温度是50℃左右，如果温度超过，器官就会受伤，受伤严重的是胃，因为食物在口腔和食道只是滑过，最后会落进胃里，烫伤胃壁。最要注意的是红薯豆腐、米豆腐和小粒元宵坨，表面温度不高，其实里面温度很高，而且很容易从食道往下滑，吐又吐不出，滑到哪里，烫到哪里。

3. 防噎

"吃饭防噎，走路防跌"，就是说处处要小心。吃饭被噎，就是吃得过快，进食的食物太多，将食道堵住了。出现反复打嗝，这种现象叫作噎住了。有时喝水太快太猛也会噎住。拍拍胸，捶捶背，被噎的现象就会得到缓解。

4. 防呛

俗话讲："食不言，寝不语。"这是经验。食不言，就是吃饭的时候不要说话，要么说了再吃，要么吃了再说。边吃饭边说话，除了嘴巴容易喷出饭渣外，还可能使食物进入气管，引起干咳，这叫作被呛住了。食物在气管咳不出来，就会导致气管和肺部发炎等严重的后果。

5. 防刺

带刺的食物主要是鱼。大鱼有小刺，小鱼有大骨。吃鱼的时候不能忽略它，要将刺挑干净再吃，入口后感觉有刺，应停止吞咽，将刺吐出来。喝汤和吃面条时，容易夹带鱼刺进喉咙，有的能咳出来，有的咳不出来。咳不出来时，传统的方法是将饭团塞进喉咙，将鱼刺吞咽进胃里，或者吃韭菜将刺带进胃里，还有是喝醋软化鱼刺。现在最好的办法是到医院做检查，让医生用夹子夹出来。

6. 防卡

吃饭太快，食物没嚼碎就吞下去，囫囵吞枣，容易被卡在喉咙。卡喉咙的不一定是骨头等硬物，老年人吃元宵、糖油粑粑等糯性食物，往往也容易卡在喉咙。

7. 防胀

常言道食饱伤身。一次进食过多，尤其是糯性油性食物，吃多了难以消化，肚子发胀，引起身体不适。曾经有人打赌在 1 小时内吃完两斤干红薯片和两斤腊牛肉。吃是吃完了，吃完后想喝水。红薯片和腊牛肉在胃里涨发了，肚子胀得像个大鼓，此人出现呼吸不畅，脸色寡白的症状。后经高人指点，连续嚼干稻草，咽下稻草汁，才慢慢化解危机。

8. 防爆

烹煮食物时，食物爆炸容易伤人皮肉。比如：煎猪油，煎到一定时候就会爆炸，高温油溅人脸上、手上就会形成烫伤；酥膀肉时，肉皮粘在锅底就会发生爆炸，高温油四处溅，谁沾上谁受伤；炒菜时，油里有水也会爆溅；炸薯饼和泡谷时，稍不注意也会爆出油；煮鱼时，鱼泡没破开，煮到一定时候会发生爆炸；在灶里煨鸡蛋时，鸡蛋有时也会爆炸。因此，主厨的人要防爆，无关人员和小孩不要在锅灶边站。

9. 防醉

吃酒不醉为最高，但吃酒的人往往控制不了自己。醉酒了会误事，醉酒伤身，醉一次相当于病一场。经常醉酒的人容易得老年痴呆。嗜酒的人容易发酒癫，胡言乱语。喝酒过度的人容易成酒痨，肠胃不好，大便不成形。经常酗酒的人，总有喝醉了倒在路旁回不了家的时候。因此喝酒要防醉。万一喝醉了，可摘取新鲜樟树叶子揉出汁，兑水喝，但要注意的是此汁少喝醒酒，多喝中毒导致呕吐。能做到不劝酒、不赌酒、不酗酒的人那是真君子。

10. 防火

烹饪离不开火，火促进饮食文明，但水火不容情，火也能毁掉一切文明。进入腊月，家家户户都要准备年货，不是烘腊鱼就是烘腊肉，白天有人守着烘，不会发生意外。但到了晚上，人们习惯将炭火掩埋起来，就睡觉去了，结果烤肉的油滴下去多了，引燃大火，房子都可能被烧。另外，大年三十晚，有些人也容易疏忽，炒完花生，炸完泡谷和红薯饼，灶里不熄火，又没断好灶盘子的火路，柴角落的柴被引燃，酿成火灾，乐极生悲。

第七节　饮食文化六大特点

中华文化大一统，但各民族、各地域有所不同。祁东饮食文化可归纳为六大特点。

一、重孝道

祁东的孝道文化是中华孝道文化的组成部分，又有它自己的特点。祁东人把对父母孝不孝作为衡量一个人人品好坏的标准，对父母不孝的人，对夫妻、兄弟和朋友一般也不好，这样的人被人看不起。在祁东，男人顺妻恶母，被骂作是"絮包脑"。怎样孝？对父母有两孝，即生一孝，死一孝。父母在生要照顾，死后丧事要办得风光。因此，厚养厚葬被推崇。薄养厚葬遭唾弃，被人骂作"在生不孝，死后滴尿（掉眼泪）"。对父母在生一孝又包括三个方面，一是孝身，让父母能吃好穿暖；二是孝心，儿孙们要忠厚老实、家庭和睦，让父母放心不用操心；三是孝志，父望子成龙，母望女成凤，儿孙有出息，父母脸上才有光。当然最基础的是孝身，让父母老有所养。祁东的习惯是儿子为父母养老，出嫁的女儿没有赡养父母的义务。儿子供养老人有三种办法：一是老人单独吃住，几个儿子每年摊多少钱和米；二是常年在一个儿子家吃住，其他兄弟给钱和米；三是吃轮供，在每个人家里吃十天半个月，轮流来。祁东的孝道文化还有另外一种表现形式，就是小孩子不能吃鱼子，吃了鱼子认不得秤；小孩子不能吃鸡鸭鱼肠，吃了这些肠子写字会歪歪扭扭；也不能吃蛋花，吃了蛋花出不得众。实际上是为了照顾老人，老人没牙齿吃不动硬的东西。因此，祁东人将猪肚子价格推到高价，猪肚子远超实用价值，是一种珍贵的礼物，也是孝道文化的一种载体。

二、好客

祁东人好客，古已有之。体现在几个方面：其一，茶饭都是待客的，有酒有菜不怕客。每个家庭，一年到头有点好东西都留下来，肉做成腊肉，鱼做成腊鱼，花生瓜子炒好放在石灰坛子保存起来。客人不来，家里人从来都舍不得吃。其二，不嫌客人多，就怕客不来。祁东人的潜意识是客人来往多，是人缘好，是一个家庭兴旺的象征。祁东流传这样一句话："天天陪客不穷，从不陪客不富。"有时，客人带客人，不请自到，主人不但不嫌弃，还觉得是好事，同来就是伴，不是看得起不会来。其三，一天招待客人吃五餐，亲戚来家做客，习惯性留住两个晚上，早餐是一碗红糖煮红枣，外加两个鸡蛋。客人斯礼（推辞，讲客气），主人就将鸡蛋戳破劝客人吃。每天三个正餐都是好酒好菜，春节时基本是三餐连续不断地吃。夜宵一般吃花生、瓜子、花根、面条，有的还炒菜喝酒。其四，将工匠师傅当客人待。家里请人做工，不管是木匠、油漆匠、弹匠或还是裁缝，都是主家的客人，三个正餐都有三牲酒礼，另加上午茶和下午茶，茶点是根据劳动强度来确定是面条、糯米饭还是红枣煮鸡蛋。其五，妇女小孩不上桌。陪客主要是男主人，男主人不在，请叔伯来陪客。妇女小孩上桌是对客人不敬。一般是另外准备点菜，让小孩们在旁边屋吃；或是让孩子先出去玩，等客人吃完了才回来吃，目的是不影响客人。

三、和谐

吃饭是第一件大事，在物资匮乏的年代，请人吃饭是很友好的表现。祁东农村的摆酒和请吃，能化解很多矛盾，其作用远远超过吃饭喝酒本身的意义。邻居之间免不了产生各种矛盾，有的变成老死不相往来，互相不过句。但不能长期僵持下去，借着家里办红喜事的机会，主动请对方来喝酒，这样，也就是顺坡下驴，对方会很高兴地接受，矛盾迎刃而解。办白喜事的时候，主家不用请，对方主动来帮忙，再大的矛盾都大事化小，小事化了。有的人家没有红白喜事，无酒可摆，又想改善关系，于是想方设法设个饭局，比如以家里杀了头猪，请邻居尝鲜，借机相聚，当地讲法是"跌矮子"。这种"跌矮子"又不失面子，可对方心里明白，什么成见都消除了。相传以前当地一些宗族之间有矛盾，后演变成宗族械斗，这种矛盾是最后都在酒局当中，双方领头的一顿豪饮，以酒表示诚意的方法解决的。所以说，吃饭喝酒能吃出感情，喝出和谐。

四、节俭

祖辈们视节约勤俭为美德，视奢侈懒惰为不齿。祁东人杜绝浪费，吃饭能吃多少装多少，碗里不剩饭和菜。精打细算，寅不吃卯粮，在西半边县，都是红薯渣子拌饭，很少有人吃过净米饭。老人们经常讲："口如灶，灶如窑，零钱怕算之。""吃不穷，穿不穷，算计没有一世穷。"相传当地有一大户人家，4代没分家，40多人吃饭，家主规定每人每餐的下饭菜是一根咸豆角。其中一位新过门的孙媳妇不习惯，提出加一根豆角，家主没同意，孙媳妇吵闹了几句，其丈夫打了她一耳光。她回娘家搬救兵，娘家人来后提条件：一是放鞭炮复礼道歉，二是要给她加豆角。家主表态赔礼道歉都可以，豆角不能加，要加都要加，一餐加40根，一天加120根，10天加1200根，一年下来加多少，娘家人听后不作声了。

相传祁阳有个管和中，是独生子富二代，家有万亩良田。一天，父亲问管和中："给你100吊钱，买东西吃，一餐能吃完吗？"当时100吊钱用来正常吃饭够1000人吃一餐。管和中听后，不假思索道："这还不容易？用灯芯煮鲤鱼须，100吊钱吃一餐还不够！"管父听了大惊，知道儿子败家，没想到如此能败。于是，他精心布局，修365

栋庄房，每栋庄房配一定田亩，请365个庄户，免费住房种田，要求每年免费让其儿子吃一天饭，并且不能将真实情况告诉管和中。管父去世后，佃户守信，轮流好酒好菜招待管和中。管和中感到奇怪，问佃户为什么招待他，一佃户说漏了嘴。知道情况后，管和中将家产低价变现，跟佃户说从此不要招待他了。不出一年，管和中将变现所得全部花光，流落街头。这是个传说，无法考究，但先辈们总是用这个传说教育后代，让晚辈们明白"成家犹如蚁含土，败家犹如水推沙"的道理。

老人们讲究节约，并将这种节约视为正常的行为。小孩的碗里剩有饭粒，其父母一定会将饭粒扒下吃掉；掉在桌上的饭菜，会毫不犹豫捡起来；有汤汁的菜碗，会添点红薯渣子饭和掉；吃完粥和斋汤的碗都会舔干净。现在生活条件好了，不提倡像过去的人那样节约。但是，遇到别人捡掉在桌上的饭菜时，你不能笑话别人。

五、慈善

慈悲善良、乐善好施是祁东饮食文化的一大特点。

1. 讨米要饭有人给

人不到揭不开锅的时候，是不会出去讨米要饭的。讨米的人肯定家有老少，每上门一家，基本上能得到一手心米或一个小红薯，这样可积少成多。到了饭点，每到一家就能得到一小匙饭，有的还打发点好菜。哪家办红白喜事，他们结队上门，从没有被主人赶走过。喜事办几天，他们就吃几天，他们也帮助主家抱柴烧火，主人还挺感激。

2. 路上饥饿病倒有人救

以前，因饥饿过度倒在路边的事时有发生。这些人基本上是身无分文，又不愿伸手讨吃的硬汉。见此，可能有不愿救人的人，但肯定有愿意救人的人。一般是先救醒，再给水给饭。如果太晚，好心人还让其在家留宿一晚。施救者出于本能的善心，被救者往往感恩戴德一辈子。祁东的前辈们都用这样的"碗米养恩人"的例子来教育后代。

3. 度荒时节有人施粥

过去，遇上灾年或每年的青黄不接时期，饿死人的事情总有发生。这时，会有好心人在大街上用大锅煮粥，免费提供。闻讯而来的都是些穷困潦倒之人。此外，有的大户人家逢大喜事，也会施粥三天，救济穷人。有的人可能是为了积阴德，也有的人是为"赎罪"。不管怎样，区区一碗粥的确能救命。

4. 出门在外有人施水

过去没有自来水，没有矿泉水。出门在外也没有壶装水，但从来不缺水喝。祁东地区的国道（苞谷子路）和省道（石板路）都是十里一亭，五里一埠，亭埠里有水缸，配有舀水的瓜瓢。一年四季都有人从很远的地方挑井水倒入水缸，无偿给路人饮用。祁东的圩场都是三天一圩。每年端午节到中秋节这段时间，圩场有专门的施水人，从很远的地方挑井水到圩场施水点，免费让赶圩的人喝。施水人没有报酬，都是自愿的，有的人施水一辈子。

六、崇礼

崇尚礼仪是祁东优良文化的又一特点。礼尚往来，来而不往非礼也。人心是把锯，你有来，我有去。人家有喜事，亲戚朋友去恭贺是人之常情。有请必到，不请自到。人到，人情到；人不到，礼到；礼不到，话到。人情往来必随礼，老亲戚的礼不能退，退了伤感情，退了就意味着不相往来。人情不能过重，过重是给亲戚增加压力，他会觉得还不起礼。亲戚往来的礼物一般是老三样：红糖、面条加猪肉。受礼者不能不接，也不能全接。祁东人待客很讲礼节，不同的酒席有各种不同的仪式。没有仪式，则是不成功的酒席。

另外，逢年过节，敬天地、神灵和祖先，都有仪式。没有仪式，就没有过年过节的气氛。祁东人讲究规矩，客人进屋时，主人笑脸相迎，屋内屋外干净整洁，三牲酒礼是待客之道，客人穿着整洁，是对主人的尊重。客随主便，吃饭遵守规矩，是做客之道。

中国是礼仪之邦，祁东是礼仪之乡。

后 记

龙年春节刚出宵,应邀餐聚。一位来自银川市的餐友介绍:年前到祁东,参加同事父亲80岁寿宴,8个人一桌,每道菜一上桌,马上有人负责将菜分散到每个人的碗里,各吃各的,吃不完各自打包带走。他讲是第一次体验这样的分餐制。其实,祁东摆酒分餐不是新鲜事,它有悠久历史,凡是"两个碗打跟斗"的酒席都是分餐制,8道大菜和小碟腊菜都分,随菜是下饭菜不分。这样做一是为了不浪费,二是可以带菜回家让老人小孩都能吃一点。

西方流行"AA"制,"AA"是英文"Algebraic Average"的缩写,意思是大家一起聚餐,平均分摊餐费,主人请客,客人也得出餐费,儿子请父亲吃饭,父亲也要出饭钱。国人对此有微词,认为没有人情味。殊不知,祁东的"AA"制存在了几百年,只是叫法不同而已。一是"打平伙",就是朋友相邀聚餐,吃完后分摊饭钱。二是"吃凑伙",一伙人各自出些米、肉、酒,或是每个人出点钱买原材料,做成饭菜大伙吃。三是"打会",大家先交会费,然后聚餐。前两种形式是一次性的,后者不限一次。典型的"打会",比如清明会,按房按户出钱,在本族祠堂办酒席,入席名额按出钱的户数分配。当年会费有结余,来年清明会不再交钱。这种祖传的"AA"制,有的人讲是明朝时兴起的,有的人讲还要更早,具体无法考究。

旧时,祁东各家各户杀猪时,猪肚子不会卖,圩场里根本看不到猪肚子。在人们心目中,猪肚子是最好的礼物,用来孝敬长辈,首送岳丈,再是爷爷,然后是父母。现在情况变了,市场有猪肚子卖了,但价格贵,2021年春节,祁东的新鲜猪肚子是90元/斤,相比其他地方,价格高出许多。祁东摆酒席,如果上了猪肚子这道菜,那么酒席就上了一个档次,相当于长沙市的宴席上了一道鲍鱼。

祁东方言特色突出。"吃"叫"恰",吃饭叫"恰芒芒(音mang)",吃肉叫"恰巴巴",吃鱼叫"恰鱼巴巴",吃蛋叫"恰蛋啵啵";辣椒叫海椒;等等。在审稿时,将方言做了适当的调整,比如,将"恰"改为"吃",将"海椒"改为"辣椒"。这样更适合广大读者阅读,但少了点祁东方言的韵味。

构思此书时,想得容易和简单。成书过程中,则感到难度高、压力大。由于缺乏参考资料,本书撰写全凭自己的记忆和冥思苦想,经历多次推倒重来。初稿的打印、修改、校对、编排，反复多次。开始是长沙市湘菜连锁餐饮协会的杨睿曦帮助打印，后来是毛凌华承担了大量的打印和编排工作。其间，周陆荣和郭桂青提供了一定帮助。初稿完成后，开始配图，厨具餐具和菜品的图片都不可或缺。因为农村住房都经过了改造，家具炊具都已现代化，搜寻老物件成了难题。多亏亲戚朋友的支持帮助，罗高飞、肖志旺、李超美、许叙宝、管正秀、周东成、陈科文、黄长华、周阳苏等都有求必应，费心颇多。菜品的图片都是自己实做实拍的，由于条件有限，再加上自己不是专业摄影，故成像效果不理想。值得欣慰的是，著名书法家胡有德先生为此书题写了书名，笔力遒劲，俊朗飘逸，为此书增色不少。

　　本书是我一辈子对餐饮文化的感悟，是多年的心血所成，有一定的知识性和可读性。本书在出版过程中还得到了多家餐饮机构的支持，比如湖南省餐饮行业协会、湖南省预制菜产业协会、大湘菜报、衡阳市餐饮行业协会、株洲市餐饮行业协会、祁阳市故乡缘餐饮有限公司、湖南相约绿草地餐饮管理有限公司、韦二爷文化传播有限公司、湖南戴氏餐饮管理有限公司、长沙老湘食餐饮有限公司、深圳市费大厨餐饮管理有限公司、湖南伟政湘品鲜餐饮配送服务有限公司、长沙市惠民耕食餐饮管理有限公司、长沙锦翰餐饮管理有限公司等等，还有祁东县书法家协会的支持。

　　在此，向支持帮助本书出版的机构和个人致以诚挚的感谢，希望本书能获得广大读者的喜爱。

周新潮

2024 年 3 月 18 日